Replanteo y funcionamiento de las instalaciones solares fotovoltaicas

Ramón Guerrero Pérez

ic editorial

Replanteo y funcionamiento de las instalaciones solares fotovoltaicas
© Ramón Guerrero Pérez

1ª Edición

© IC Editorial, 2024

Editado por: IC Editorial
c/ Cueva de Viera, 2, Local 3
Centro Negocios CADI
29200 Antequera (Málaga)
Teléfono: 952 70 60 04
Fax: 952 84 55 03
Correo electrónico: iceditorial@iceditorial.com
Internet: www.iceditorial.com

ISBN: 978-84-1184-461-1
Depósito Legal: MA 2632-2024

Impresión: PODiPrint
Impreso en Andalucía – España

Nota de la editorial: IC Editorial pertenece a Innovación y Cualificación S. L.

Presentación del manual

El **Certificado de Profesionalidad** es el instrumento de acreditación, en el ámbito de la Administración laboral, de las cualificaciones profesionales del Catálogo Nacional de Cualificaciones Profesionales adquiridas a través de procesos formativos o del proceso de reconocimiento de la experiencia laboral y de vías no formales de formación.

El elemento mínimo acreditable es la **Unidad de Competencia**. La suma de las acreditaciones de las unidades de competencia conforma la acreditación de la competencia general.

Una **Unidad de Competencia** se define como una agrupación de tareas productivas específica que realiza el profesional. Las diferentes unidades de competencia de un certificado de profesionalidad conforman la **Competencia General**, definiendo el conjunto de conocimientos y capacidades que permiten el ejercicio de una actividad profesional determinada.

Cada **Unidad de Competencia** lleva asociado un **Módulo Formativo**, donde se describe la formación necesaria para adquirir esa **Unidad de Competencia**, pudiendo dividirse en **Unidades Formativas**.

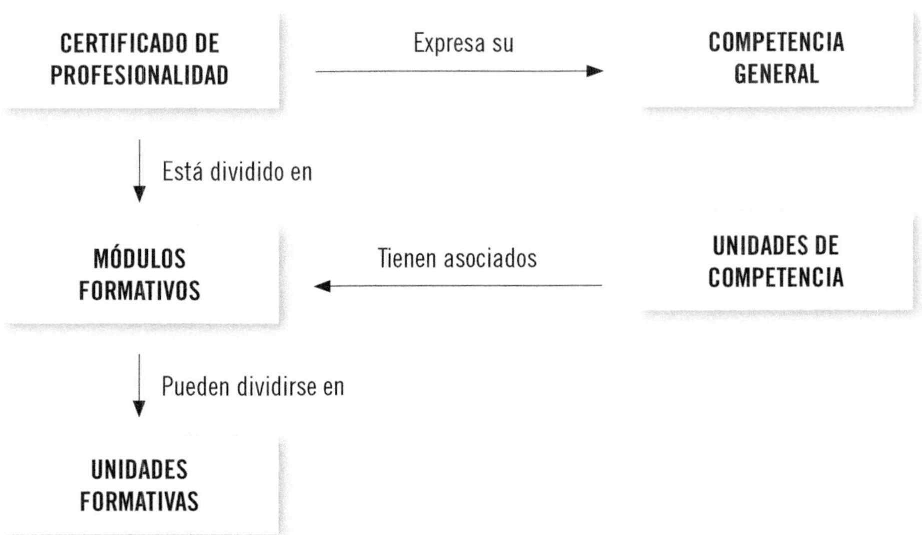

El presente manual desarrolla la Unidad Formativa **UF0150: Replanteo y funcionamiento de las instalaciones solares fotovoltaicas,**

perteneciente al Módulo Formativo **MF0835_2: Replanteo de instalaciones solares fotovoltaicas,**

asociado a la unidad de competencia **UC0835_2: Replantear instalaciones solares fotovoltaicas,**

del Certificado de Profesionalidad **Montaje y mantenimiento de instalaciones solares fotovoltaicas**

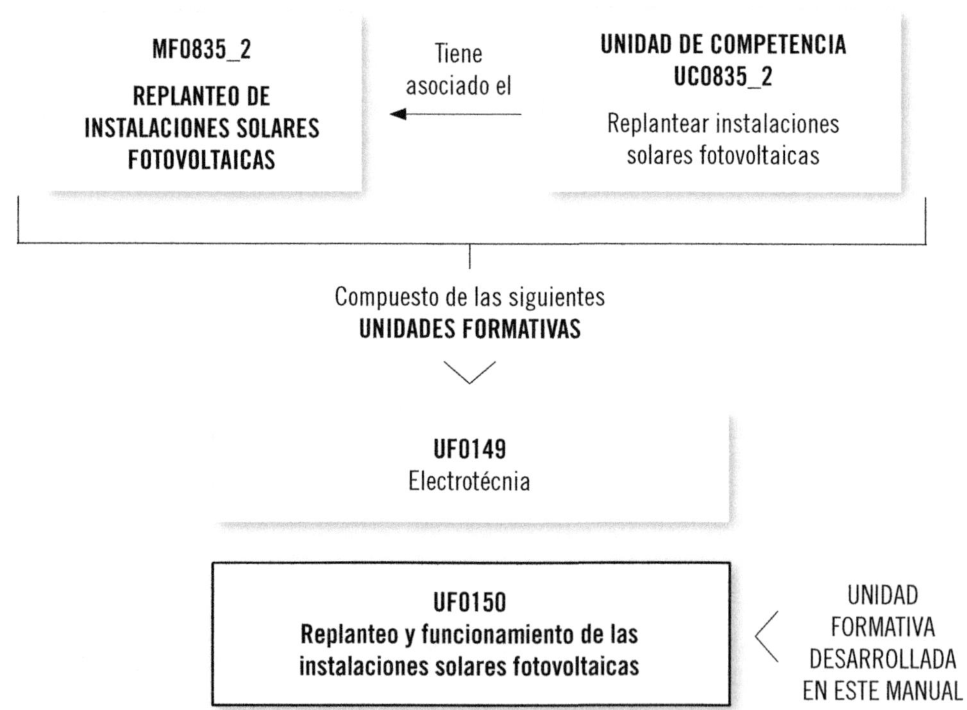

FICHA DE CERTIFICADO DE PROFESIONALIDAD

(ENAE0108) MONTAJE Y MANTENIMIENTO DE INSTALACIONES SOLARES FOTOVOLTAICAS

(R. D. 1381/2008, de 1 de Agosto, modificado por el R. D. 617/2013, de 2 de Agosto)

COMPETENCIA GENERAL: Efectuar, bajo supervisión, el montaje, puesta en servicio, operación y mantenimiento de instalaciones solares fotovoltaicas con la calidad y seguridad requeridas y cumpliendo la normativa vigente.

Cualificación profesional de referencia	Unidades de competencia		Ocupaciones o puestos de trabajo relacionados:
ENA261_2 MONTAJE Y MANTENIMIENTO DE INSTALACIONES SOLARES FOTOVOLTAICAS (R. D. 1114/2007 de 24 de agosto)	UC0835_2:	Replantear instalaciones solares fotovoltaicas	• Montador de instalaciones solares fotovoltaicas • Operador de instalaciones solares fotovoltaicas • 7294.1032 Montador de placas de energía solar • 7521.1101 Instalador de sistemas fotovoltaicos y eólicos. • 3131. 1111 Operador de central solar fotovoltaica
	UC0836_2:	Montar instalaciones solares fotovoltaicas	
	UC0837_2:	Mantener instalaciones solares fotovoltaicas	

Correspondiencia con el Catálogo Modular de Formación Profesional		
Módulos certificado	Unidades formativas	Horas U.F.
MF0835_2: Replanteo de instalaciones solares fotovoltaicas	UF0149: Electrotécnia	90
	UF0150: Replanteo y funcionamiento de las instalaciones solares fotovoltaicas	60
MF0836_2: Montaje de instalaciones solares fotovoltaicas	UF0151: Prevención de riesgos profesionales y seguridad en el montaje de instalaciones solares	30
	UF0152: Montaje mecánico en instalaciones solares fotovoltaicas	90
	UF0153: Montaje eléctrico y electrónico en instalaciones solares fotovoltaicas	90
MF0837_2: Mantenimiento de instalaciones solares fotovoltaicas		60
MP0032: Módulo de prácticas profesionales no laborales		120

Índice

Capítulo 4
Representación simbólica de instalaciones solares fotovoltaicas

Capítulo 5
Proyectos y memorias técnicas de instalaciones solares fotovoltaicas

Capítulo 1

Funcionamiento general de las instalaciones solares fotovoltaicas

Contenido

1. Introducción

Desde el inicio de la existencia del hombre, su desarrollo ha estado condicionado en gran medida por la utilización de las diferentes formas de energía, según las necesidades y disponibilidades de cada momento. Ya en los inicios, las energías renovables eran utilizadas en forma de biomasa, viento, agua y sol, por lo que deben ser consideradas como la base energética en el desarrollo humano.

Sin embargo, con la aparición de los recursos energéticos fósiles, el uso de la energía se convirtió en algo muy fácil, más eficiente y barato. Esto ocasionó un consumo indiscriminado de estos recursos, hasta límites insostenibles. Es la razón por la que todos los países, más o menos desarrollados, realizan esfuerzos constantes en un intento de mejorar la eficiencia de la utilización de la energía y, en definitiva, reducir el consumo de recursos fósiles.

2. La energía solar

La energía solar es la que procede del Sol y llega a la Tierra en forma de radiación electromagnética. Como se estudiará más adelante, esta energía se puede aprovechar de dos maneras: por conversión térmica (energía solar térmica) y por conversión fotovoltaica (energía solar fotovoltaica).

2.1. Tipos de energía

Las fuentes de energía utilizadas se pueden clasificar en **primarias o secundarias.** Las primarias son aquellas donde la energía se obtiene directamente del recurso. Un claro ejemplo es el carbón, ya que la producción de energía (calor) se obtiene directamente de la combustión del mismo.

Por el contrario, una fuente de energía secundaria es la que utiliza un recurso que ha tenido que sufrir una o varias transformaciones. Por ejemplo, la energía hidráulica (cuando se utiliza para la producción de electricidad) se considera secundaria.

Por otro lado, los diferentes tipos de energía se pueden clasificar según sean **renovables o no renovables.** Las energías renovables son aquellas que utilizan una fuente virtualmente inagotable, como el sol y el viento; mientras que las no renovables utilizan recursos procedentes de épocas remotas de la tierra (fósiles) y, por ello, las reservas son limitadas.

Energía en general

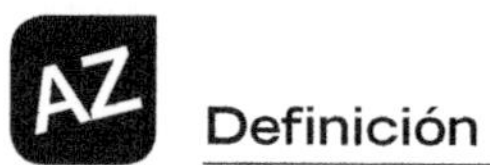

Definición

Combustibles fósiles
Son mezclas de compuestos orgánicos que se extraen del subsuelo para ser utilizados en la producción de energía por combustión. Los combustibles fósiles más singulares son el carbón, el petróleo y el gas natural.

En la actualidad, las energías renovables se sitúan en una posición ventajosa respecto a las energías fósiles, ya que pueden hacer frente a una demanda creciente y sin perjuicio desde el punto de vista económico. Además, las energías renovables pueden jugar un papel de sustitución debido no solo al agotamiento de los recursos fósiles, sino también a los problemas medioambientales que actúan en contra de las no renovables.

Sabía que...

Las energías renovables más antiguas del mundo son la eólica y la biomasa.

Dentro de las energías renovables, la energía solar fotovoltaica es, sin lugar a dudas, una forma limpia y fiable de producción de energía eléctrica.

2.2. La energía solar fotovoltaica

Gracias a la energía solar fotovoltaica se puede transformar directamente la luz solar en electricidad. En este punto se define brevemente este tipo de energía y se enumeran sus principales ventajas e inconvenientes.

Concepto

La energía solar fotovoltaica se puede definir como la tecnología utilizada para el aprovechamiento eléctrico de la energía del sol, a partir de las denominadas células fotovoltaicas. Mediante estas células, la radiación solar se transforma directamente en electricidad, aprovechando las propiedades de los materiales semiconductores.

Definición

Materiales semiconductores
Son materiales cuya conductividad varía con la temperatura, pudiéndose comportar como conductores o aislantes dependiendo de la misma.
El material semiconductor más utilizado es el Silicio (Si), pero hay otros semiconductores como el Germanio (Ge) que también son muy usados.

Sol frente a un panel fotovoltaico

Ventajas e inconvenientes

Se pueden destacar algunas ventajas que presenta la energía solar foto-voltaica:

- La energía procedente del sol es limpia, renovable y no cuesta dinero.
- Evita el progresivo despoblamiento de determinadas zonas.
- Disminución de costes de mantenimiento de las líneas eléctricas, sobre todo en zonas aisladas.
- Instalación fácilmente modulable: se puede aumentar o disminuir la potencia instalada según las necesidades.
- Mantenimiento y riesgo de avería muy bajo de las instalaciones fotovoltaicas.
- Instalaciones silenciosas y sencillas.
- Energía descentralizada, ya que puede ser captada y utilizada en todo el territorio.
- Se trata de una tecnología de rápido desarrollo, que tiende a reducir el coste y aumentar el rendimiento.

La mayoría de los sistemas fotovoltaicos existentes hasta hoy han sido dise-ñados y construidos para su uso en aplicaciones remotas de muy poca potencia.

La razón fundamental que ha impedido una mayor difusión de esta tecnología ha sido básicamente económica: la potencia producida supone un mayor coste en comparación con la obtenida a partir de otras tecnologías más convencionales: petróleo, carbón, nuclear, etc.

No obstante, la creciente madurez tecnológica, el abaratamiento de producción de módulos fotovoltaicos, el desarrollo de sistemas de acondicionamiento de potencia cada vez más potentes y la realización de proyectos sostenidos por programas nacionales e internacionales de financiación y/o subvención parcial, permiten la instalación de sistemas cada vez más eficaces y competentes con las fuentes convencionales de generación de energía eléctrica. Esto permitirá una penetración cada vez mayor de esta tecnología en la producción de energía eléctrica en el mundo, como complemento de las fuentes de generación convencionales.

2.3. La energía solar térmica

La energía solar térmica es otro tipo de energía solar. Se entiende por energía solar térmica la transformación de energía radiante solar en calor o energía térmica.

La energía solar térmica se encarga de calentar el agua de forma directa, alcanzando temperaturas que oscilan entre los 40º y 50º, gracias a la utilización de paneles solares. El agua caliente queda almacenada para su posterior consumo: calentamiento de agua sanitaria, usos industriales, calefacción de espacio, calentamiento de piscinas, secaderos, refrigeración, etc.

3. Transmisión de la energía

Los paneles solares constituyen uno de los métodos más simples que se pueden usar para convertir la energía del sol en energía eléctrica aprovechable, sin que esta transformación produzca subproductos peligrosos para el medio ambiente. Parten de una fuente de energía virtualmente inagotable: la energía que emite el sol, la cual llega con una cantidad tal, que si toda ella pudiera ser aprovechada, bastaría media hora de un día para satisfacer la demanda energética mundial durante todo un año. Aunque esto, como ya se sabe, no ocurre en el plano teórico y es imposible de realizar de forma práctica.

3.1. Conceptos elementales de astronomía en cuanto a la posición solar

En el estudio del funcionamiento de las instalaciones solares fotovoltaicas es importante conocer ciertos conceptos básicos relacionados con el sol y con el movimiento de la tierra respecto al mismo.

El Sol

El Sol es una inmensa fuente de energía inagotable, con un diámetro de $1,4 \times 10^6$ km, situado a la distancia media de $1,5 \times 10^8$ km respecto de la Tierra. Esta distancia se denomina **Unidad Astronómica** (UA).

Algunos datos significativos acerca del Sol, son:

- Su masa es 300.000 veces la masa de la Tierra.
- Su diámetro es de 1.400.000 km.
- Su temperatura superficial es de 5.600 °K.
- Su vida estimada es de 5.000 millones de años.
- La distancia Tierra-Sol es de 150 millones de km.
- La luz solar tarda 8 minutos en llegar a la Tierra.
- El Sol genera su energía mediante reacciones nucleares de fusión, que se llevan a cabo en su núcleo.

Sabía que...

La generación de energía proviene de la pérdida de masa del Sol, la cual se convierte en energía de acuerdo con la famosa ecuación de Einstein: $E = m \cdot c^2$, donde "E" es la cantidad de energía liberada cuando desaparece la masa (m), y "c" es la velocidad de la luz (3×10^8 m/s).

El movimiento Tierra-Sol

La Tierra orbita alrededor del Sol con dos movimientos diferentes que se producen a la vez:

- Uno de **rotación** alrededor de un eje que pasa por los polos, llamado "eje polar", y con una velocidad aproximada de una vuelta por día.
- Y otro de **traslación** alrededor del Sol, describiendo una órbita elíptica. El plano que contiene esta órbita se denomina "plano de la elíptica", y la Tierra tarda un año en recorrerlo.

El eje polar o eje de rotación terrestre, sobre el que gira la Tierra, mantiene una dirección casi constante, formando un ángulo de 23.45º con el plano de la elíptica, denominado "oblicuidad de la elíptica". Debido a esta oblicuidad, el ángulo formado por el plano ecuatorial de la Tierra con la elíptica, es decir, la recta imaginaria que une los centros de la Tierra y el Sol, cambia permanentemente entre +23.45º y -23.45º. Este ángulo se conoce como "declinación solar" (δ).

En un día, la declinación solar solo puede variar como máximo en 0.5º, aunque, para facilitar ciertos cálculos, se considera constante para cada día del año.

Movimientos de la Tierra alrededor del Sol

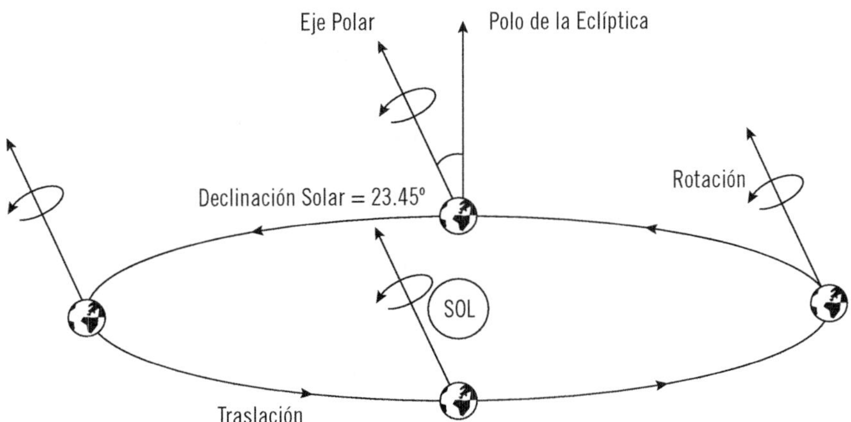

3.2. Conversión de la energía solar

La energía eléctrica generada en las instalaciones fotovoltaicas se obtiene mediante un proceso de conversión de energía: radiación-electricidad.

Aprovechamiento de la energía solar

La radiación solar que incide en la tierra puede aprovecharse de diferentes formas, tal y como se ve a continuación.

Calentamiento directo de locales por el sol

En invernaderos, viviendas y demás emplazamientos, se aprovecha el sol para calentar el ambiente. Algunos diseños arquitectónicos se realizan de forma que consigan aprovechar al máximo este efecto y controlarlo, para poder prescindir del uso de calefacción o de aire acondicionado.

Acumulación del calor solar

Se consigue con paneles o estructuras especiales colocadas en lugares expuestos al sol (tejados), en los que un fluido se calienta, almacenando calor en depósitos. Se usa, sobre todo, para calentar agua.

Instalación solar térmica en una vivienda

Sabía que...

La acumulación de calor solar puede suponer un importante ahorro energético, ya que, en un país desarrollado, más del 5 % de la energía consumida se usa para calentar agua.

Generación de electricidad

Se puede generar electricidad a partir de la energía solar por varios procedimientos. En el sistema térmico (energía solar térmica), la energía solar se puede usar para convertir agua en vapor, en dispositivos especiales. En algunos casos, se usan espejos cóncavos que concentran el calor sobre tubos que contienen aceite. El aceite alcanza temperaturas de varios cientos de grados, con este se calienta agua hasta la ebullición y con el vapor se genera electricidad en turbinas clásicas.

La luz del sol también se puede convertir directamente en electricidad, usando el efecto fotoeléctrico mediante las denominadas "células fotovoltaicas". Estas células no tienen rendimientos muy altos y la eficiencia media en la actualidad es de un 10 a un 15 %, aunque algunos prototipos experimentales logran eficiencias de hasta el 30 %. Por esto, se necesitan grandes extensiones si se quiere producir energía en grandes cantidades.

El efecto fotoeléctrico

El efecto fotoeléctrico consiste en la emisión de electrones por metales, cuando se les somete a una radiación electromagnética (luz). Este proceso tiene dos características fundamentales:

- Cada material tiene una frecuencia mínima o umbral de la radiación electromagnética, por debajo de la cual no se emiten electrones.
- La emisión de electrones aumenta cuando se incrementa la intensidad de la radiación incidente sobre la superficie del metal, ya que hay más energía disponible para liberar electrones.

Recuerde

La corriente eléctrica consiste básicamente en el flujo de electrones a lo largo de un medio, como puede ser un cable o hilo conductor.

El efecto fotoeléctrico es la base de la conversión de energía solar para la producción de energía eléctrica.

Efecto fotoeléctrico

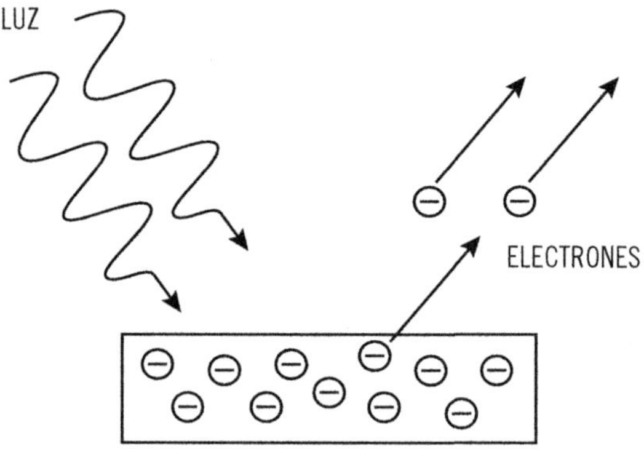

3.3. La constante solar y su distribución espectral

La radiación solar llega a la tierra en forma de ondas electromagnéticas, que se desplazan por el espacio en todas las direcciones, ya que estas no necesitan un medio físico para poder desplazarse. Este fenómeno se denomina **radiación.**

La energía contenida en los rayos del sol se puede calcular a partir de la **fórmula de Planck: E = h · f;** donde:

E = Energía de la radiación (J).
h = Constante de Planck, cuyo valor es: $6.625 \cdot 10^{-34}$ J s.
f = Frecuencia de las ondas de luz (s^{-1}).

Partiendo de esta fórmula, se puede deducir que hay radiaciones muy energéticas (como los rayos gamma) y otras con menos energía (como los rayos infrarrojos). Esto se traduce, a su vez, en que existen radiaciones que no son capaces de atravesar la atmósfera terrestre, mientras que otras (como los rayos X) pueden atravesar tejidos.

La energía que llega a la parte alta de la atmósfera es una mezcla de radiaciones ultravioleta, visible e infrarroja. Estas radiaciones constituyen la **distribución espectral** terrestre, que consiste en una gráfica en la que figuran las diferentes longitudes de onda en función de la energía.

Distribución espectral terrestre

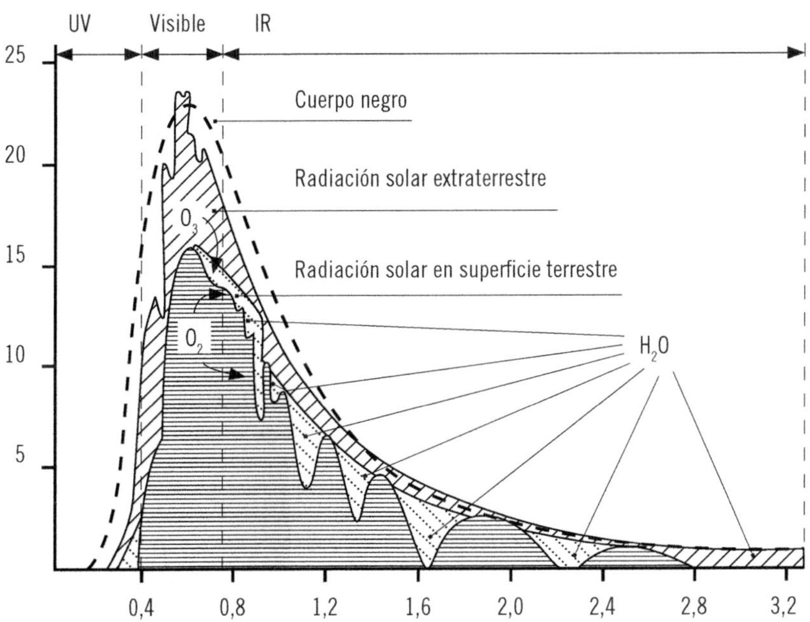

El espectro electromagnético

La luz es un conjunto de ondas electromagnéticas (tienen componentes eléctricos y magnéticos) que se desplazan a la velocidad de 3×10^8 m/s (velocidad de la luz). Cada una de estas ondas tiene una frecuencia (f) y una longitud de onda (λ) y, dependiendo del valor de la última, la luz será o no visible (la ultravioleta e infrarroja no son visibles por el ojo humano). Se suele medir en nm (nanómetros: 1nm $= 10^{-9}$).

Onda electromagnética

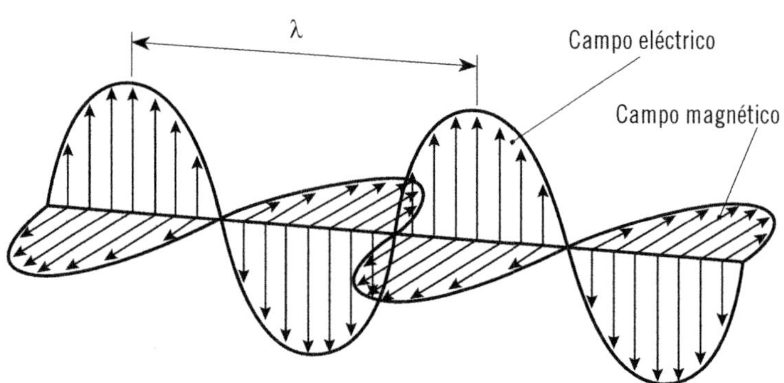

El espectro electromagnético se extiende desde la radiación de menor longitud de onda (rayos gamma, rayos X) hasta las de mayor longitud de onda (ondas de radio). Mientras más corta sea la longitud de onda, más alta es la frecuencia de la misma.

La energía electromagnética, en una particular longitud de onda λ (en el vacío), tiene una frecuencia (f) asociada y una energía E. Por tanto, las ondas electromagnéticas de alta frecuencia tienen una longitud de onda corta y mucha energía, mientras que las ondas de baja frecuencia tienen grandes longitudes de onda y poca energía.

 **Definición**

Longitud de onda

Distancia que hay entre dos puntos consecutivos de una onda que tienen las mismas características (por ejemplo, dos máximos).

Espectro electromagnético

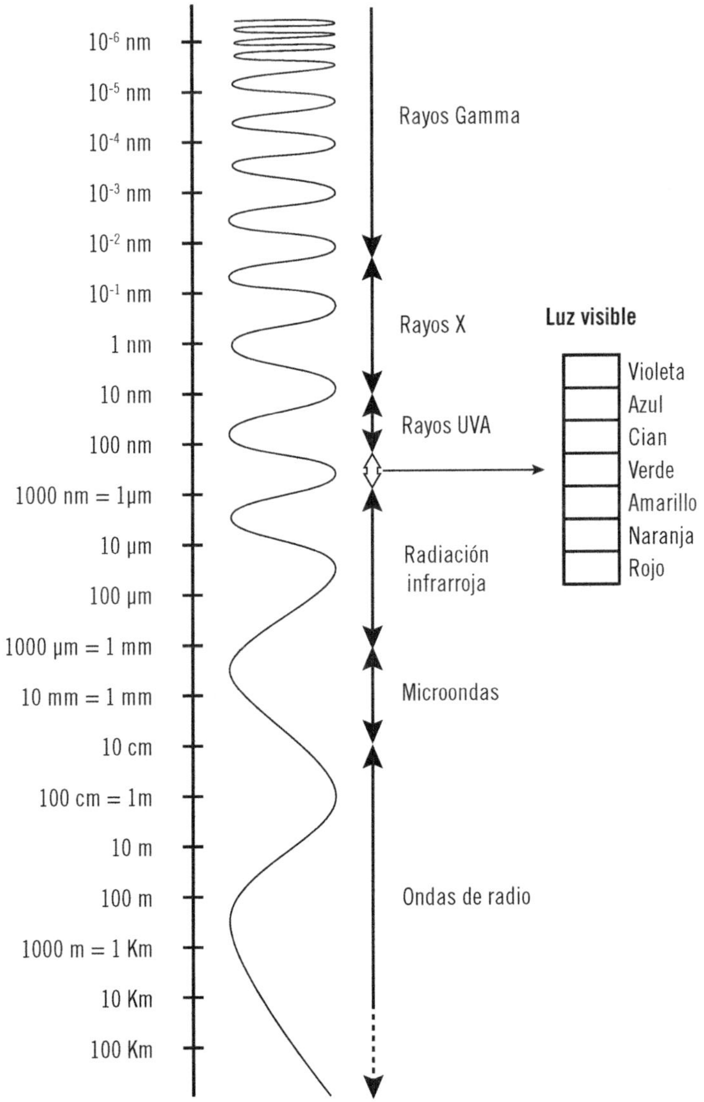

La longitud de onda (λ) y la frecuencia (f) se relacionan con la expresión:

$$\lambda = c \, / \, f$$

 **Aplicación práctica**

El ojo humano percibe longitudes de onda comprendidas entre 400 y 700 nm. La luz infrarroja es imperceptible por el ojo humano. Compruébelo numéricamente. (Frecuencia de la luz infrarroja $= 3 \times 10^{11}$ Hz).

SOLUCIÓN

A partir de la frecuencia infrarroja, se calcula su longitud de onda:

- $\lambda = c \, / \, f$
- $\lambda = 3 \times 10^8 \, / \, 3 \times 10^{11}$
- $\lambda = 0.001$ m

Como se puede ver en el resultado, la longitud de onda de la radiación está muy por encima de la visible por el ojo humano.

Para conocer la cantidad de energía solar que llega a la frontera exterior que delimita la atmósfera, se establece la denominada **constante solar,** la cual mide la radiación sobre una superficie orientada en la dirección de los rayos solares. Su valor es de 1.353 W/m^2 y varía en torno a un 3 %, debido a la órbita elíptica de la tierra.

3.4. Radiación solar en la superficie de la tierra

La energía que se recibe del sol se compone de radiación electromagnética, pero no toda se produce en forma de luz visible. También se recibe radiación ultravioleta e infrarroja, que son invisibles para el ojo humano y cuya presencia no se puede ignorar.

Sabía que...

El fenómeno del bronceado de la piel se debe a la presencia de la radiación ultravioleta, invisible para el ojo humano.

Existen algunos factores fundamentales que determinan el nivel de la radiación recibida en la superficie terrestre. Estos son:

- Condiciones atmosféricas y ambientales del lugar.
- Situación geográfica.
- Movimiento de la tierra.

3.5. Radiación solar y métodos de cálculo

Antes de llegar a la superficie de la tierra, la radiación es reflejada al entrar en la atmósfera por la presencia de las nubes, el vapor de agua, etc., y dispersada por las moléculas de agua, el polvo en suspensión... Debido a esto, la radiación solar que llega a la superficie terrestre procede de tres componentes:

- **Radiación directa (B):** formada por los rayos que provienen directamente del sol, es decir, que no llegan a ser dispersados.
- **Radiación difusa (D):** porocede de toda la bóveda celeste, excepto la que llega del sol, y está originada por los efectos de dispersión mencionados anteriormente.
- **Radiación del albedo (R):** procedente del suelo, se debe a la reflexión de parte de la radiación incidente sobre montañas, lagos, edificios, etc. Depende muy directamente de la naturaleza de estos elementos.

La suma de estos tres componentes da lugar a la **radiación global (G),** que se determina: **G = B + D + R.**

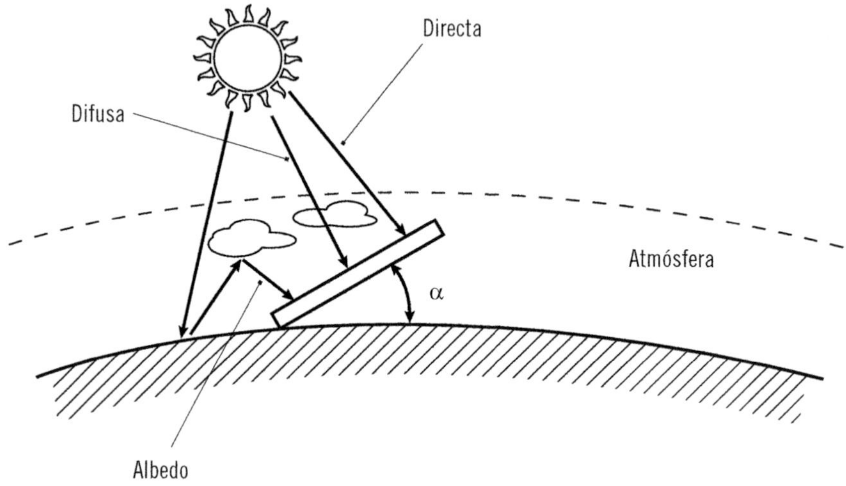

3.6. Energía incidente sobre una superficie plana inclinada

En el caso de tener un plano orientado al ecuador con una inclinación ß sobre el plano horizontal del lugar, se puede calcular el ángulo de incidencia de la radiación solar directa con dicho plano, mediante la expresión:

$$\cos \theta = \cos (L - ß) \cdot \cos \delta \cdot \cos \omega + \sin (L - ß) \sin \delta$$

Siendo:

- θ = Ángulo de incidencia formado por la normal a la superficie y el rayo incidencia de ella.
- L = Latitud del punto de la superficie terrestre considerado, el cual es el ángulo que forma el radio terrestre que pasa por dicho punto con el ecuador.

- ß = Ángulo de inclinación.
- ω = Ángulo horario.
- δ = Declinación.

La radiación total sobre una superficie inclinada a partir de la radiación horizontal, considerando periodos relativamente cortos (una hora), se obtiene de:

$$I_T = I_{HD}\, R_D + L_{Hd}\left(\frac{1+\cos\beta}{2}\right) + (I_{HD} + I_{Hd})\left(\frac{1-\cos\beta}{2}\right)\rho$$

Siendo:

- I_t = Radiación total sobre una superficie inclinada.
  I_{HD} = Componente directa de la radiación sobre el plano horizontal.
  I_{Hd} = Componente difusa de la radiación solar sobre el plano horizontal.
  R_D = Relación entre la componente directa de la radiación solar sobre una superficie inclinada y la radiación directa sobre una superficie horizontal.
  ρ = Reflexividad del suelo.

$\dfrac{1+\cos\beta}{2}$ Mide la proporción de bóveda celeste vista por la superficie inclinada, respecto a la que ve un plano horizontal.

$\dfrac{1-\cos\beta}{2}$ Mide la proporción de suelo que ve la superficie inclinada.

En los cálculos de las aportaciones solares recibidas por la superficie captadora, se hace necesario conocer la relación (R) entre la radiación media diaria mensual ($H_{\beta media}$) recibida por la superficie captadora y la radiación media diaria mensual (H) recibida por una superficie horizontal. Es decir:

$$R\ media = \frac{H_{\beta media}}{H}$$

$$R_{media} = \frac{H_{\beta media}}{H} = \left(1 - \frac{H_{dmedia}}{H_{media}}\right) R_{Dmedia} + \frac{H_{dmedia}}{H_{media}} \left(\frac{1 + \cos\beta}{2}\right) + \rho\left(\frac{1 - \cos\beta}{2}\right)$$

Donde:

$$R_{\beta media} = H_{media}\left(1 - \frac{H_{dmedia}}{H_{media}}\right) R_{Dmedia} + R_{dmedia}\left(\frac{1 + \cos\beta}{2}\right) + R_{\rho media}\left(\frac{1 - \cos\beta}{2}\right)$$

3.7. Orientación e inclinación óptima anual, estacional y diaria

A la hora de aprovechar al máximo la energía solar, es necesario tener en cuenta que el sol no se encuentra a la misma altura (respecto al horizonte) en invierno que en verano, lo que significa que la inclinación de los paneles fotovoltaicos no puede ser fija si se quiere que, en todo momento, esos paneles se encuentren perpendicularmente orientados al sol.

Posición del sol en las diferentes estaciones y momentos del día

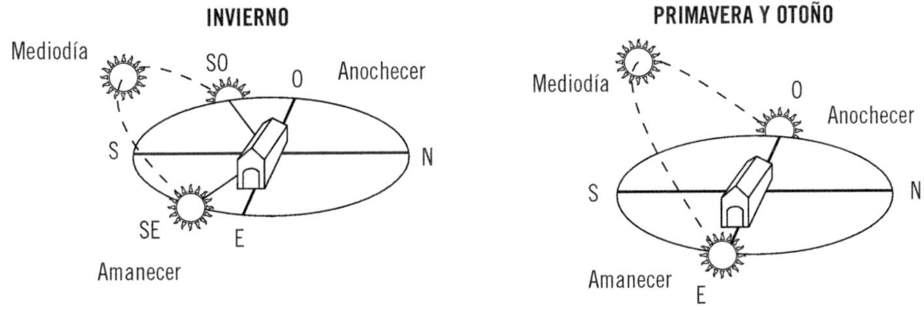

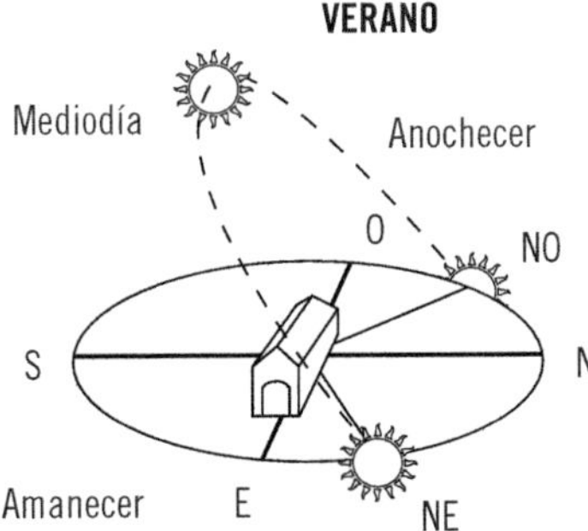

La inclinación óptima de cualquier captador solar se establece en función de la latitud y la aplicación:

- Para la utilización en invierno: 10ª mayor que la latitud.
- Para la utilización en primavera y verano: 20ª menor que la altitud.
- Para la utilización uniforme durante todo el año: 10ª mayor que la latitud.

Definición

Latitud
La latitud mide el ángulo desde un punto cualquiera del planeta con respecto al ecuador. Este ángulo se mide desde el meridiano (línea imaginaria que rodea la tierra y que pasa por los polos) del lugar correspondiente.

En las latitudes españolas (40° aproximadamente), la orientación óptima de los módulos fotovoltaicos es hacia el sur. Sin embargo, la energía que se deja de generar por estar estos módulos orientados hacia el sureste o suroeste, representa solo un 0,2 % por cada grado de desviación respecto al sur.

Del mismo modo, la inclinación óptima de los módulos fotovoltaicos depende de la latitud del lugar donde se instalen, lo que implica una inclinación entre 5° y 10° respecto a la latitud (por ejemplo, resultarían unos 35° en el centro de la península), y de la época del año en la que se quiera maximizar la producción.

En cualquier caso, es recomendable una inclinación superior a los 15°, para permitir que el agua de la lluvia se escurra. Donde nieva con cierta frecuencia, es recomendable una inclinación a partir de los 45°, para favorecer el deslizamiento de la nieve. En definitiva, es recomendable acercarse a las condiciones óptimas de la instalación: orientación sur e inclinación entre 5° y 10° menos que la latitud.

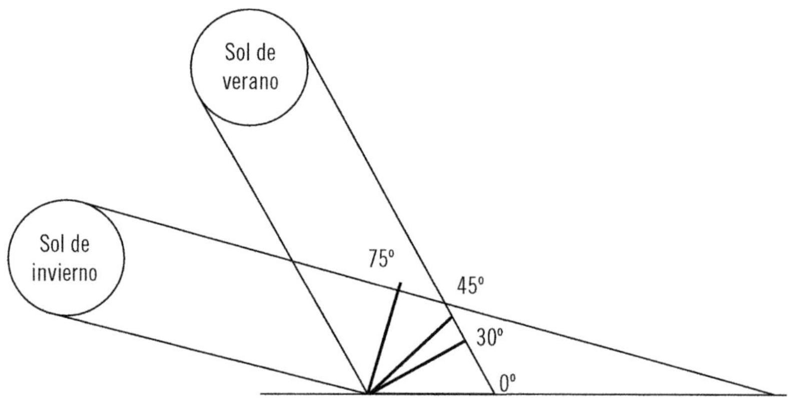

Las denominadas **horas de pico solar** constituyen un parámetro fundamental para el dimensionado de los sistemas fotovoltaicos. Corresponden al número de horas en las que cada metro cuadrado de superficie captadora obtiene, de modo constante, 1.000 W de energía. El número de horas pico de un día concreto, se puede calcular dividiendo la energía producida en ese día entre 1.000 W/m^2. En España, la media de horas solares pico es de tres a seis, aunque varía entre el norte y el sur, y de invierno a verano.

3.8. Cálculo de radiación difusa y directa sobre superficies horizontales y sobre superficies inclinadas

Para el cálculo y dimensionado de sistemas solares fotovoltaicos es importante conocer los valores de radiación difusa y directa que incide sobre las superficies captadoras de energía solar (paneles fotovoltaicos).

Notación

En las expresiones que se utilizan para el cálculo de la radiación difusa y directa que incide sobre superficies horizontales e inclinadas se utilizan las siguientes variables:

- A Índice anisotrópico, I_b/I_o.
- E_o Factor de corrección de la excentricidad de la órbita terrestre.
- G_{cs} Constante solar, 1 367 Wm^{-2}.
- H Irradiación global diaria promedio mensual en una superficie horizontal.
- H_b Irradiación directa diaria promedio mensual en una superficie horizontal.
- H_{bn} Irradiación directa normal diaria promedio mensual en una superficie horizontal.
- H_d Irradiación difusa diaria promedio mensual en una superficie horizontal.
- H_o Irradiación extraterrestre diaria promedio mensual.
- I Irradiación global horaria promedio mensual en una superficie horizontal.
- I_b Irradiación directa horaria promedio mensual en una superficie horizontal.
- I_{bn} Irradiación directa normal horaria promedio mensual en una superficie horizontal.
- I_d Irradiación difusa horaria promedio mensual en una superficie horizontal.
- I_β Irradiación global horaria promedio mensual en una superficie inclinada.
- $I_{b\beta}$ Irradiación directa horaria promedio mensual en una superficie inclinada.
- $I_{d\beta}$ Irradiación difusa horaria promedio mensual en una superficie inclinada.
- N Duración del día promedio mensual calculada.
- R_b Razón de la irradiación directa en una superficie inclinada y una superficie horizontal.
- a, b Constantes de regresión.
- f Factor de nubosidad, Ib/I.
- h_r Humedad relativa promedio mensual.
- λ Factor empírico de latitud.

- m Número de días en un mes.
- n Horas de insolación medidas promedio mensual.
- n_d Número de días del año.
- r Número de días con lluvia en un mes.
- r_d Razón entre la irradiación global horaria y la irradiación global diaria.
- r_t Razón entre la irradiación difusa horaria y la irradiación difusa diaria.
- β Ángulo de inclinación del plano receptor, $b = f$, en este trabajo.
- ω_s Ángulo horario al alba (ocaso).
- θ Ángulo de incidencia.
- θ_z Ángulo zenital.
- δ Declinación.
- φ Latitud.

Radiación difusa y directa

En su paso a través de la atmósfera, parte de la radiación solar es atenuada por dispersión y otra parte, por absorción. La radiación que es dispersada por la atmósfera se conoce como **radiación difusa,** mientras que la que llega a la superficie de la tierra sin haber sufrido cambio en su trayectoria, se denomina **radiación directa.** Conocer el flujo de la radiación solar directa y difusa es importante para el análisis y diseño de la mayoría de los sistemas solares. Para el cálculo de la radiación difusa y directa, destaca la denominada "Correlación de Page":

$$H_d = H \cdot [1.0 - 1.13 \, H/H_0]$$

- La radiación solar extraterrestre global diaria promedio mensual en una superficie horizontal, se calcula con la siguiente fórmula:

$$H_0 = (24 \times 3600 \, G_{cs})/\pi \, E_0 \, [\cos \varphi \cos \delta \sin \omega s + (2\pi \, \omega s)/360 \sin \varphi \sin \delta]$$

- El factor de corrección de la excentricidad de la órbita terrestre, se calcula con la ecuación:

$$E_0 = 1.00011 + 0.00128 \sin \Gamma + 0.000719 \cos 2\,\Gamma + 0.00077 \sin \Gamma$$

- El ángulo horario al alba o al ocaso (ω_s), se calcula con:

$$\omega_s = \cos\text{-}1\ (\text{-}\tan \varphi \tan \delta)$$

- La irradiación directa horizontal promedio mensual es la irradiación global menos la irradiación difusa:

$$H_b = H - H_d$$

Radiación en un plano inclinado

El cálculo de la radiación solar sobre una superficie inclinada no es un problema sencillo. Convertir datos de radiación directa sobre una superficie horizontal a una superficie inclinada se reduce a un planteamiento geométrico de la dirección de la radiación, de la siguiente forma:

$$I_b = I\,R_b$$

Donde $R_b = \cos \theta\ /\cos \theta_z$ es la razón de la radiación directa en una superficie inclinada y una superficie horizontal. Para el caso de la radiación difusa, es un problema que depende de su distribución en el hemisferio celeste, de las condiciones de nubosidad y de la turbiedad atmosférica.

Sin embargo, ha sido posible obtener valores que resultan satisfactorios para los propósitos de este trabajo e incluir un factor que considera el abrillantamiento del horizonte. La radiación difusa se calcula con:

$$I_{db} = I_d \{(1 - A) [0.5 (1 + \cos \beta)] [1 + f \sin3 (\beta/2) + A R_b]\} + 0.2\, I\, [0.5(1 - \cos \beta)]$$

Donde A es un índice anisotrópico dado como una función de la transmitancia atmosférica para la radiación directa, I_b/I_o, $f = I_b/I$ es un factor de nubosidad.

$$\cos \theta = \sin \delta \sin \phi \cos \beta - \sin \delta \cos \phi \sin \beta \cos \gamma + \cos \delta \cos \phi \cos \beta \cos \omega + \cos \delta \sin \phi \sin \beta \cos \gamma \cos \omega + \cos \delta \sin \beta \sin \gamma \sin \omega$$

Siendo b el ángulo de inclinación del plano receptor con respecto a la superficie horizontal. Un caso particular es el ángulo zenital θ_z, que es el formado por la dirección de la radiación directa y la vertical del lugar:

$$\cos \theta_z = \sin \delta \sin \varphi + \cos \delta \cos \varphi \cos \omega$$

La irradiación extraterrestre horaria promedio mensual es I_o, que se calcula con:

$$I_o = (12 \times 3600 G_{cs})/\pi\, E_0 \{\cos \varphi \cos \delta\, (\sin \omega_2 - \sin \omega_1) + [2\pi\, (\omega_2 - \omega_1)/360]\, \sin\varphi\, \sin\delta \}$$

Donde ω_1 y ω_2 son los ángulos horarios al inicio y al final de la hora en consideración.

3.9. Comprobación de la respuesta de diversos materiales y tratamiento superficial frente a la radiación solar

En el diseño de instalaciones y sistemas fotovoltaicos también es muy importante conocer el comportamiento que tienen los materiales cuando la radiación solar incide sobre ellos, así como los tratamientos que se suelen aplicar a sus superficies para maximizar la captación de energía solar.

Absorbancia

Al incidir sobre los cuerpos una radiación, estos absorben parte de la misma y reflejan el resto (dependiendo de sus características superficiales). El cociente entre la radiación emitida y absorbida se denomina absorbancia (α):

$$\alpha = (\text{Radiación absorbida}) / (\text{Radiación incidente})$$

 ## Aplicación práctica

Razone el significado de que un cuerpo presente una absorbancia $\alpha = 1$. ¿Y una $\alpha = 0$?

SOLUCIÓN

Un cuerpo con $\alpha = 1$, por ejemplo un cuerpo negro mate perfecto, es capaz de absorber toda la radiación, ya que la Radiación absorbida es igual a la Radiación incidente (el cociente de dos términos iguales es 1).

Por otro lado, un cuerpo con una absorbancia $\alpha = 0$ puede ser un espejo perfecto, ya que no absorbe nada de radiación (toda es reflejada, ya que la Radiación absorbida es 0).

Un cuerpo real nunca absorbe o refleja toda la radiación, por lo que el valor de la absorbancia suele estar comprendido entre 0,03 y 0,97.

Las temperaturas más altas son alcanzadas por superficies que presentan una absorbancia mayor, mientras que los cuerpos pulidos y transparentes que reflejan casi la totalidad de la radiación, se calentarán poco. En consecuencia, los elementos destinados a captar la energía solar serán de color negro mate, puesto que una superficie de este color es más eficiente para captar la radiación que reciba.

Emitancia

Además de la absorbancia, los cuerpos se caracterizan por el valor de la **emitancia** (E), que está relacionada con la capacidad de enfriamiento por radiación de un cuerpo. Una superficie de elevada absorbancia destinada a captar energía solar, al incidir la radiación, se calentará y emitirá una radiación proporcional a su emitancia.

Es evidente que, si se desean alcanzar altas temperaturas, es necesario disponer de superficies que tengan una alta absorbancia y una emitancia reducida.

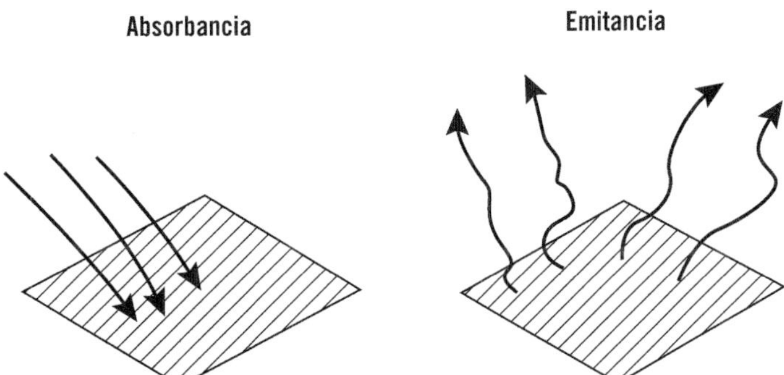

Tratamiento superficial

Una superficie selectiva ideal es aquella que absorbe toda la radiación y no la emite. En algunos modelos de captadores, la superficie absorbedora negra recibe un tratamiento especial, denominado **selectivo,** con el propósito de reducir las pérdidas energéticas y mejorar el rendimiento del captador.

Este tipo de captador es el que se utiliza normalmente para la producción de agua caliente sanitaria y otras instalaciones que necesitan temperaturas de hasta 80 °C.

 **Definición**

Selectividad

Se denomina selectividad de una superficie al cociente entre la absorbancia y la emitancia:

$$\text{Selectividad} = \alpha \, / \, E.$$

Materiales transparentes

Los materiales transparentes son los que permiten el paso de radiación electromagnética de determinadas longitudes de onda, y se caracterizan por su coeficiente de **transmitancia** (τ).

$$\tau = \text{(Radiación atravesada)} / \text{(Radiación incidente)}$$

Es necesario tener en cuenta la radiación reflejada y absorbida, por lo que la transmitancia dependerá de estos factores.

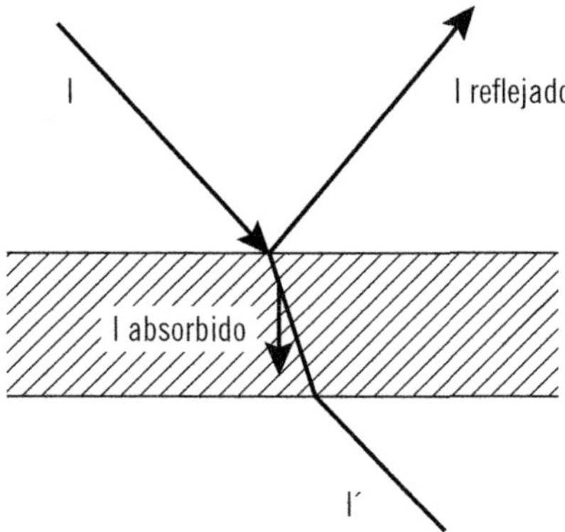

El valor de τ depende del ángulo de incidencia de la radiación respecto a la superficie, aunque dicha variación es pequeña hasta que el ángulo alcance un valor de unos 60° (para el vidrio), a partir del cual la transmitancia disminuye rápidamente hasta valer 0 para un ángulo de 90°. De todo esto, se deduce que el vidrio dejará pasar eficientemente la radiación que provenga de un cono de 120° (60 + 60) de abertura:

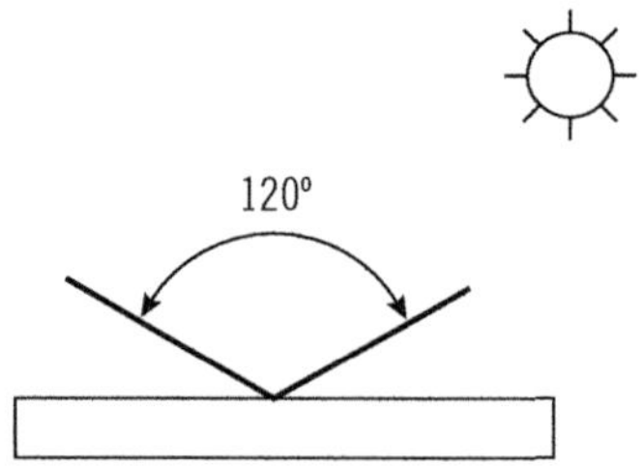

La transmitancia disminuye proporcionalmente al índice de refracción (n), que es el cociente entre la velocidad de la luz en el vacío (c) y la que tiene en dicho medio (c_1):

$$n = c / c_1$$

A efectos de aplicaciones de energía solar, conviene que el índice de refracción de los materiales transparentes sea lo más reducido posible, a fin de aumentar la eficacia de la transmisión y tener el mínimo de pérdidas por reflexión.

Datos de interés

A continuación, se muestran unas tablas con datos sobre emitancias, absorbancias e índices de refracción de ciertos materiales y compuestos selectivos. Las absorbancias se refieren a valores medios correspondientes entre 0,3 y 3 μm (1 μm = 0,000001 m). Las emitancias corresponden a temperaturas de unos 100 ºC.

Absorbancias y emitancias de distintos materiales

Material	Absorbancia	Emitancia
Aluminio pulido	0.1	0.1
Aluminio anodizado	0.14	0.77
Hierro	0.44	0.1
Oro	0.21	0.03
Pintura acrílica de negro de humo	0.94	0.83
Pintura acrílica blanca	0.25	0.9

Índices de refracción de distintos materiales transparentes

Vacío	1
Aire	1.03
Vidrio	1.51
Silicona	4
Diamante	2.42

Absorbancias y emitancias			
Material	Absorbancia	Emitancia	Selectividad
"Níquel negro" (electrodeposición de níquel, zinc y otros materiales)	0.91	0.12	7.58
Óxido de cobre sobre aluminio (tratamiento químico)	0.93	0.11	8.45
Óxido de cobre sobre cobre (tratamiento químico)	0.89	0.17	5.23
Sulfuro de plomo sobre aluminio	0.88	0.2	4.4
Carbono sobre cobre ("etanol")	0.9	0.16	5.63

3.10. Cálculo de sombreamientos externo y entre captadores

El estudio del sombreamiento que pueda afectar a los captadores también es fundamental en el diseño y dimensionado de cualquier instalación fotovoltaica, ya que este va a influir totalmente en el rendimiento de la misma.

Sombras entre captadores

Los captadores solares suelen disponerse formando un conjunto de varias filas, donde cada fila posee un determinado número de captadores.

Aunque, por razones de espacio y economía, es conveniente hacer que el conjunto de captadores sea lo más compacto posible, es necesario tener en cuenta que, al estar los captadores solares inclinados, hay que dejar un espacio libre entre fila y fila para evitar que los captadores no proyecten sombras entre ellos.

La siguiente imagen muestra dos captadores separados, y la expresión que permite el cálculo del espacio óptimo entre fila y fila.

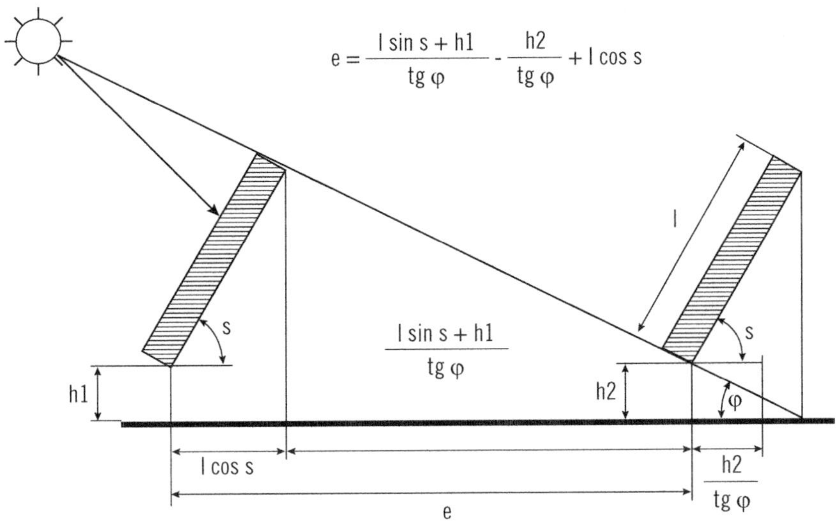

A veces, no existe suficiente espacio para albergar todos los captadores sin que se produzcan sombras, por lo que se suele utilizar el recurso de ir aumentando la altura de los captadores conforme se disponen hacia atrás en el número de fila (como se aprecia en la siguiente imagen).

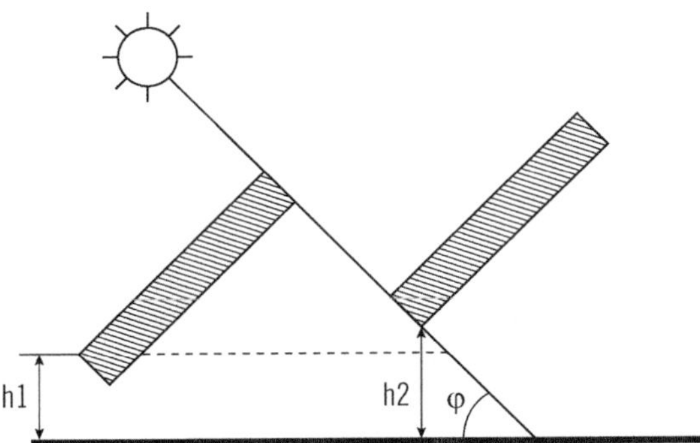

Sombras externas

Una vez dispuesto el panel de captadores, puede ocurrir que se proyecte sobre él, en algún momento del día o época del año, la sombra de algún edificio o montaña próxima, que hará que la captación de la energía solar no sea eficiente. Por esta razón, es necesario tener en cuenta si existen terrenos sin edificar en las proximidades y cuál es la normativa urbanística antes de construir un panel (por la posibilidad de que se construya un edificio adyacente que impida o minimice la captación de luz del panel fotovoltaico a instalar).

La posición del sol sobre el horizonte se puede obtener a partir de dos coordenadas: el **azimut** y la **altura.** El azimut (z) es el valor que corresponde a la orientación Sur, y es positivo tanto hacia el Este como hacia el Oeste. El valor máximo, que corresponde al Norte, es de 180°. La altura (h) es el ángulo formado por la posición del sol y el horizonte.

Los valores de azimut y altura suelen darse en tablas, aunque se pueden calcular a partir de las siguientes expresiones:

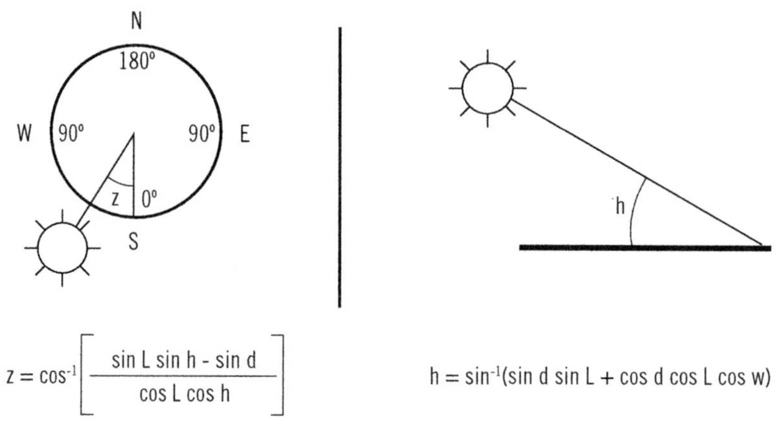

$$z = \cos^{-1}\left[\frac{\sin L \sin h - \sin d}{\cos L \cos h}\right]$$

$$h = \sin^{-1}(\sin d \sin L + \cos d \cos L \cos w)$$

Para verificar si un edificio próximo proyecta o no una sombra sobre un campo de colectores determinado, se debe verificar si la sombra alcanza a estos.

La longitud (ls) y dirección (Z_s) de la sombra se calculan con las expresiones:

$$ls = H / tgh$$

$$Z_s = 180 - Z$$

H = altura del cuerpo opaco sobre el nivel de la base de los colectores

h = ángulo de las altura solar

Los valores de ls y Z_s se deben calcular de hora en hora y de mes en mes, para comprobar si la sombra afecta o no al campo de captadores. También se pueden evaluar los efectos de una posible construcción de un edificio de, según el plan urbanístico, mayor altura posible, como muestra la siguiente imagen.

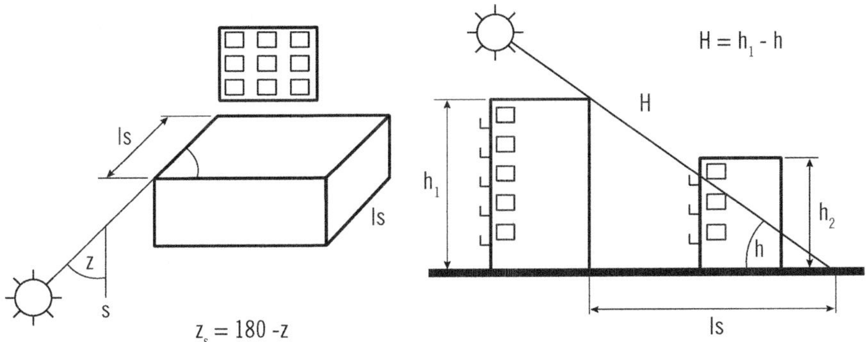

3.11. Efecto invernadero

Una de las aplicaciones más extendidas en el ámbito de la energía solar (térmica, no fotovoltaica) es la generación de agua caliente (ACS) y calefacción. Se utilizan, para ello, captadores solares térmicos constituidos por tres elementos básicos: vidrio, absorbedor y aislamiento térmico.

Cuando el absorbedor se calienta, emite radiaciones de longitud de onda larga, la cual no puede salir fuera debido a que la cubierta transparente es opaca frente a esta radiación, siendo mínima la pérdida de energía por radiación. Gracias a este **efecto invernadero** generado por el vidrio, la radiación solar es atrapada en el interior del captador y absorbida en forma de calor por una superficie metálica "negra" del absorbedor.

También disminuyen las pérdidas de calor por convección, debido a que la cubierta transparente evita el contacto directo del absorbedor con el aire ambiente.

4. Datos de radiación solar

El aprovechamiento de la radiación solar como fuente de energía requiere el conocimiento de los datos relacionados con la cantidad y distribución de la energía solar que incide en un lugar determinado, y su variación en determinados ciclos diarios y anuales.

El conocimiento de estos datos contribuye a que se controle la disponibilidad de los recursos renovables y facilita la identificación de regiones estratégicas, donde es más adecuada la utilización de la energía solar para la solución de necesidades energéticas de la población.

4.1. Atlas solares

Los atlas de radiación solar proporcionan información que cuantifica la energía solar que incide sobre la superficie de una zona (puede ser un país).

Para el caso de las zonas apartadas de las redes nacionales de transporte y distribución de energía, por ejemplo, esta información es necesaria para la construcción de sistemas o aplicaciones tecnológicas que, a partir de la energía solar, permiten el abastecimiento de energía eléctrica, con el fin de satisfacer diversos requerimientos (iluminación, comunicaciones, bombeo de agua, señalización o sistemas solares térmicos para el suministro de calor y calentamiento de agua o aire en secadores de productos agrícolas).

Igualmente, los mapas son importantes para el diseño de edificaciones confortables y energéticamente eficientes.

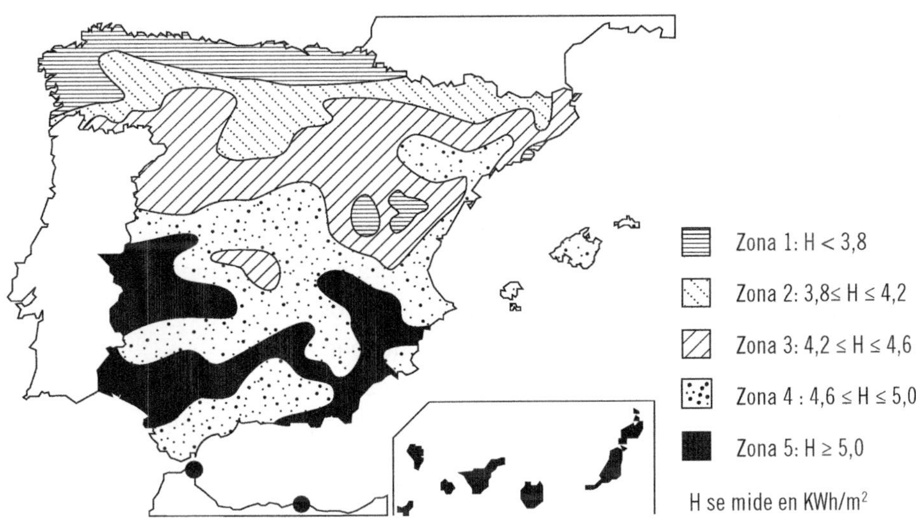

 **Nota**

En la siguiente dirección, perteneciente a la Agencia Estatal de Meteorología, se pueden consultar multitud de datos relacionados con el mapa de radiación solar de España: <http://www.aemet.es>.

4.2. Datos de estaciones meteorológicas

Las estaciones meteorológicas son los lugares donde se realizan mediciones y observaciones puntuales, utilizando los instrumentos adecuados de los distintos parámetros meteorológicos, para así poder establecer el comportamiento atmosférico.

A continuación, se detalla una clasificación de los tipos de estaciones meteorológicas:

- **Estaciones pluviométricas:** son las estaciones meteorológicas donde un pluviómetro o recipiente cuantifica la cantidad de lluvia caída entre dos mediciones consecutivas.

- **Estaciones pluviográficas:** son estaciones meteorológicas que pueden realizar de forma continua y mecánica un registro de las precipitaciones, por lo que cuantifican la cantidad, intensidad, duración y periodo en que ha ocurrido la lluvia.

- **Estaciones climatológicas principales:** son aquellas estaciones meteorológicas que están cualificadas para realizar observaciones del tiempo atmosférico, precipitaciones, temperatura del aire, humedad, viento, radiación solar, evaporación y otros fenómenos especiales. Normalmente, se realizan aproximadamente tres mediciones al día.

- **Estaciones climatológicas ordinarias:** estas estaciones meteorológicas deben ser capaces de medir las precipitaciones y la temperatura de manera instantánea.

- **Estaciones sinópticas principales:** estas estaciones realizan observaciones de los principales elementos meteorológicos en horas de convenio internacional. Los datos corresponden a nubosidad, dirección y velocidad de los vientos, presión atmosférica, temperatura del aire, tipo y altura de las nubes, visibilidad, fenómenos especiales, características de la humedad, precitaciones, temperaturas extremas, capas significativas de las nubes, recorrido del viento y secuencia de los fenómenos atmosféricos. Esta información es codificada e intercambiada a través de los centros mundiales, con el fin de generar pronósticos para el servicio de la aviación.

- **Estaciones sinópticas suplementarias:** al igual que en las estaciones meteorológicas anteriores, las observaciones se realizan a horas convenidas internacionalmente y los datos suelen corresponder a la visibilidad, fenómenos especiales, tiempo atmosférico, nubosidad, estado del suelo, precipitaciones, temperatura y humedad del aire, y viento.

- **Estaciones agrometeorológicas:** en estas estaciones se realizan mediciones y observaciones meteorológicas y biológicas que ayudan a la determinación de las relaciones entre el tiempo y el clima, por una parte, y la vida de las plantas y los animales, por otra. Incluyen el mismo programa de observaciones que las estaciones climatológicas principales, además de registros de temperatura a varias profundidades (hasta un metro), y en la capa cercana al suelo (0, 10 y 20 cm sobre el suelo).

4.3. Bases de datos de estaciones meteorológicas

Los estudios climáticos requieren información que comprenda un largo periodo de tiempo, que varía para cada elemento meteorológico (la Organización Meteorológica Mundial recomienda treinta años). Es por esto que, a la hora de realizar estudios del clima de épocas pasadas, surge el inconveniente de no poder medir directamente los datos pasados. Ante estas situaciones, es necesario recurrir a los datos indirectos. Esta información se recoge en una gran variedad de fuentes, entre las que se pueden destacar las **bases de datos.**

Los datos obtenidos por estaciones meteorológicas interconectadas entre sí (en red), tras un proceso de depuración y validación, son incorporados a una base de datos, posteriormente utilizados en estudios científicos y puestos a disposición del público.

5. Tipos y usos de las instalaciones fotovoltaicas

La mayoría de las instalaciones fotovoltaicas fueron concebidas como sistemas de generación eléctrica para zonas donde no llegaba la corriente eléctrica convencional o era muy cara su instalación. Estas estaciones se conocen como "estaciones aisladas de red".

Sin embargo, las denominadas "instalaciones conectadas a la red de distribución" han desarrollado una importante evolución, debida fundamentalmente al abaratamiento de los componentes que constituyen las instalaciones fotovoltaicas y al aumento de la fiabilidad de estos sistemas.

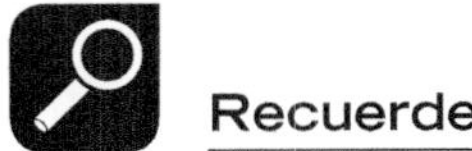

Recuerde

La luz del sol se puede convertir directamente en electricidad, usando el efecto fotoeléctrico y mediante las denominadas células fotovoltaicas.

5.1. Funcionamiento y configuración de una instalación solar fotovoltaica aislada

Estos sistemas carecen de conexión a la red eléctrica convencional, siendo su instalación más común en instalaciones domésticas de alumbrado, bombeo y telecomunicaciones. Dentro de estos sistemas, se pueden identificar dos bloques fundamentales: acumulación y conexión directa.

Sistemas de acumulación

Los sistemas de acumulación son los que están conectados a baterías que permiten el suministro eléctrico en periodos de escaso aprovechamiento de la radiación solar.

Dependiendo del consumo al que estén conectados, se pueden clasificar en:

a. Corriente alterna (CA).

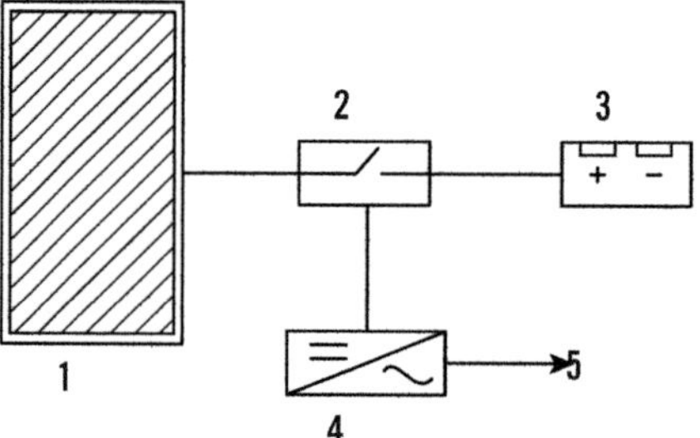

b. Corriente continua (CC).

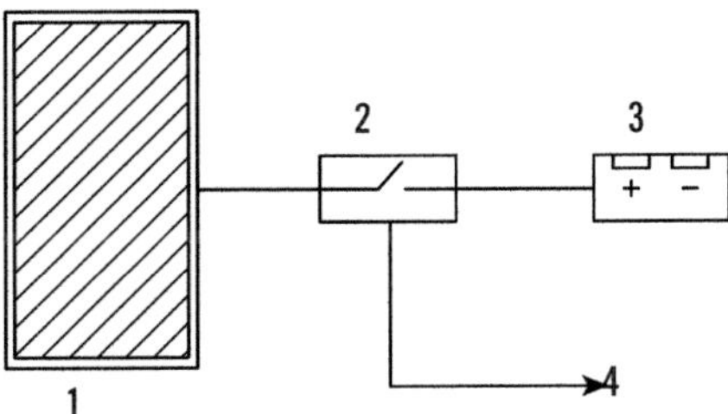

c. CC/CA.

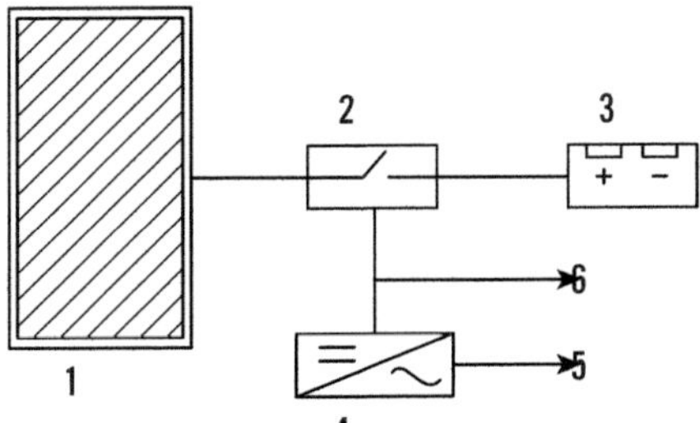

Sistemas directos

Estos sistemas no disponen de baterías, por lo que solo se obtendrá energía eléctrica en los periodos en los que se disponga de radiación solar. Estos sistemas son utilizados en aplicaciones donde no es importante la interrupción o variación del suministro eléctrico.

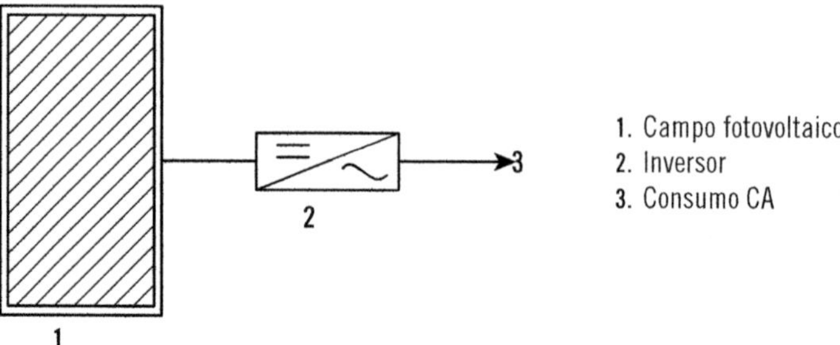

Aplicaciones

Existen multitud de aplicaciones para las que se pueden hacer uso de sistemas e instalaciones fotovoltaicas aisladas. A continuación, se explican los más habituales.

Electrificación de viviendas

Es la utilización más habitual, sobre todo en viviendas alejadas de la red eléctrica convencional. Antes de diseñar una instalación fotovoltaica, es muy importante conocer las necesidades de consumo para las que esté destinada dicha instalación, y así evitar posibles errores de dimensionamiento.

 Definición

Inversor

Los paneles solares fotovoltaicos producen CC a partir de radiación solar. En las instalaciones de viviendas existen muchos elementos que funcionan con CA, por lo que se hace necesaria la utilización de un componente que convierta la CC en CA para alimentar estos dispositivos. Este elemento se denomina inversor.

Regulador

El regulador de una instalación fotovoltaica es el dispositivo que controla la carga de la batería (evitar que a plena capacidad siga recibiendo corriente), y descarga de la misma (evitar que, una vez agotada, siga suministrando electricidad).

Instalaciones domésticas centralizadas y descentralizadas

En las instalaciones domésticas **descentralizadas,** cada vivienda está alimentada por un generador; mientras que en las **centralizadas,** un único generador fotovoltaico suministra electricidad a un grupo de viviendas. Las imágenes siguientes muestran un esquema de una instalación centralizada (abajo) y descentralizada (página siguiente).

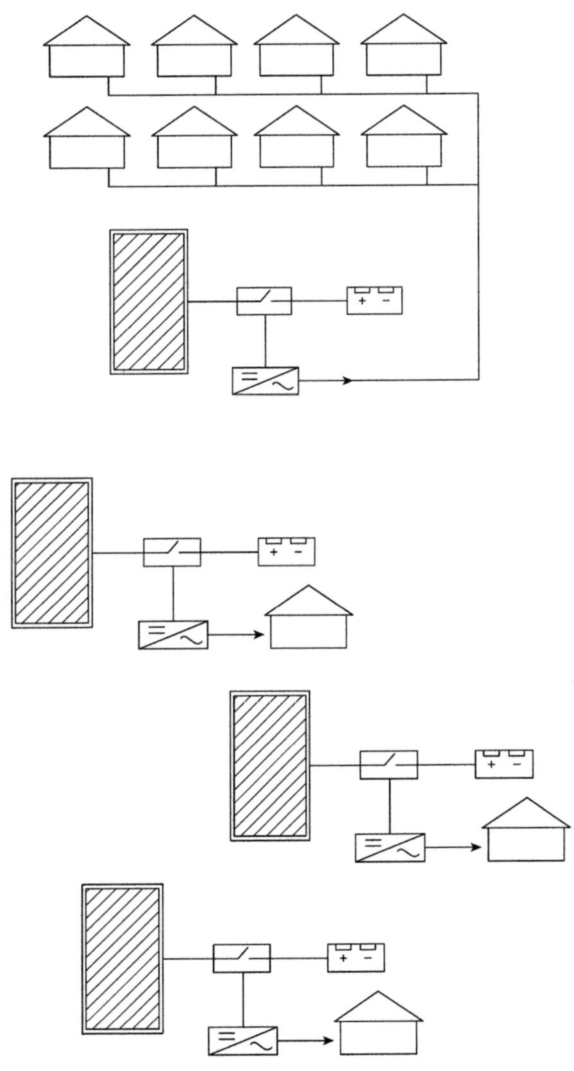

Sistemas de bombeo

La alimentación de sistemas de bombeo es otra aplicación muy común de las instalaciones fotovoltaicas aisladas de red. El consumo se puede solicitar en bombas de CC o CA y, según la aplicación, se pueden usar baterías.

Nota

Los paneles solares generan electricidad en forma de corriente continua. Para transformar esta en alterna se utilizan los inversores.

Aplicación práctica

En la siguiente imagen se puede ver el esquema de una instalación fotovoltaica aislada que alimenta a una bomba o motor (5). Comente los elementos que aparecen.

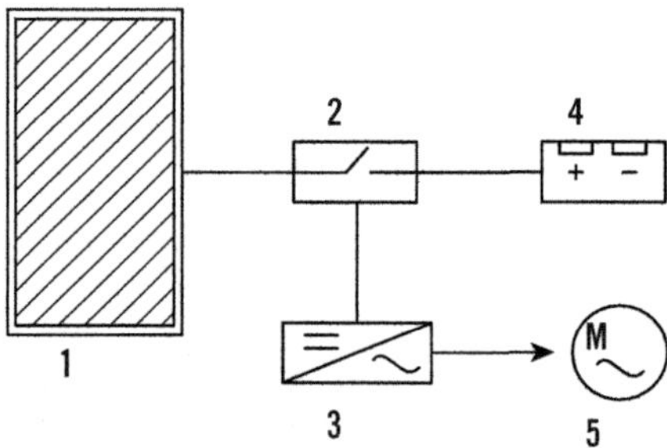

SOLUCIÓN

El motor funciona con CA, ya que se encuentra conectado a un inversor (3). Se trata de un sistema de acumulación, ya que un regulador (2) está conectado entre el panel (1) y la batería (4).

5.2. Funcionamiento y configuración de una instalación fotovoltaica conectada a red

Son instalaciones donde la totalidad de energía generada por el campo fotovoltaico se suministra a la red general de distribución.

Estas instalaciones no poseen baterías ni reguladores, aunque sí inversores. Estos inversores deben tener las siguientes características:

- Disponer de un sistema de medida para la energía consumida y suministrada.
- Ser capaz de interrumpir o reanudar el suministro, dependiendo del estado de los captadores solares.
- Adaptación, de la CA producida, a la fase de la red.

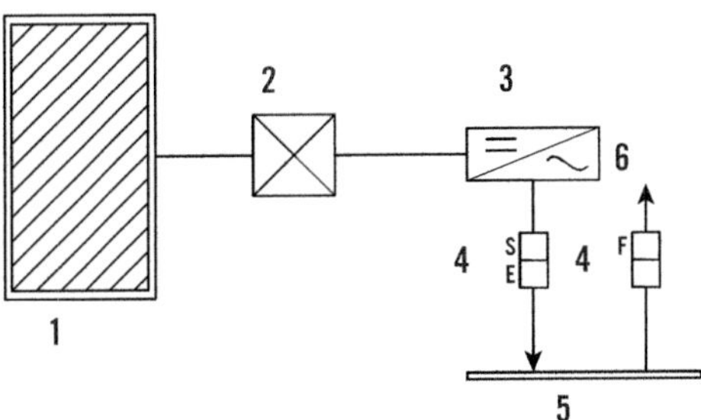

5.3. Almacenamiento y acumulación

Las necesidades energéticas no siempre coinciden en el tiempo con la captación de energía solar, por lo que se hace necesario disponer de un sistema de almacenamiento eléctrico que haga frente a la demanda, cuando exista poca o nula radiación solar, así como a la producción solar, en momentos de consumo mínimo. Los elementos encargados del almacenamiento de electricidad en el ámbito fotovoltaico, son las **baterías o acumuladores.**

Acumuladores

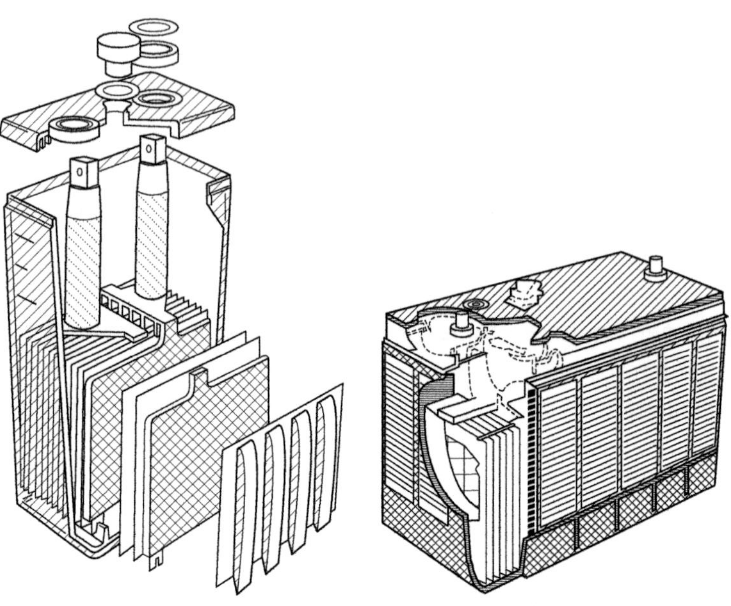

Definición

Pilas y acumuladores

Son elementos capaces de convertir la energía producida en una reacción química (interna) en corriente eléctrica. Ambos funcionan de forma similar, con la diferencia de que los acumuladores se pueden recargar simplemente aplicando una diferencia de potencial entre sus electrodos.

Hay que destacar que la fiabilidad general de la instalación solar dependerá, en gran medida, del sistema de acumulación, por lo que es un elemento cuyas características es necesario tener muy en cuenta. Algunas de las características de los acumuladores son:

- **Capacidad:** es la cantidad de electricidad que puede almacenar el acumulador, puede calcularse mediante la descarga total de una batería que esté inicialmente cargada al máximo. La capacidad de un acumulador se mide en Amperios-hora (Ah) para un determinado tiempo de descarga, por ejemplo, una batería de 130 Ah es capaz de entregar 130 A en una hora o 13 A en diez horas.

- **Eficiencia de carga:** es la relación que existe entre la energía empleada para cargar la batería y la que realmente se almacena. Una eficiencia del 100 % significa que toda la energía empleada para cargar la batería es la que puede suministrar en su descarga.
- **Autodescarga:** es el proceso natural por el cual el acumulador "pierde" energía almacenada sin estar funcionando.
- **Profundidad de descarga:** se denomina profundidad de descarga al porcentaje de energía que un acumulador (inicialmente cargado) ha perdido en una descarga. Como ejemplo, si una batería totalmente cargada de capacidad 100 Ah sufre una descarga de 20 Ah, esto significa una profundidad de descarga del 20 %. Evidentemente, cuanto menos profundos sean los ciclos de carga/descarga, mayor será la duración del acumulador.

5.4. Funcionamiento y configuración de una instalación de apoyo con pequeño aerogenerador y/o grupo electrógeno

Las instalaciones fotovoltaicas que se complementan con aerogeneradores y/o grupo electrógenos, se denominan instalaciones de apoyo, aunque también se conocen como híbridas, debido a la naturaleza "múltiple" de la producción eléctrica generada (eólica, solar, etc.). A continuación, se muestran algunas configuraciones típicas de este tipo de instalaciones.

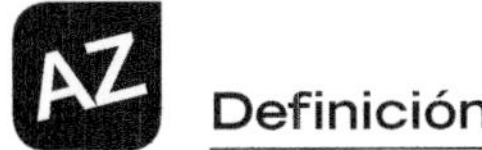

Definición

Aerogeneradores
Son generadores que producen electricidad a partir del movimiento de una hélice accionada por el viento.

Continúa en página siguiente >>

<< Viene de página anterior

Grupos electrógenos

Son máquinas que mueven un generador de electricidad a través de un motor de combustión interna.

Instalación eólico – fotovoltaica con aerogenerador en CA

En la siguiente imagen se muestra el esquema de una instalación solar fotovoltaica con apoyo de un aerogenerador en CA.

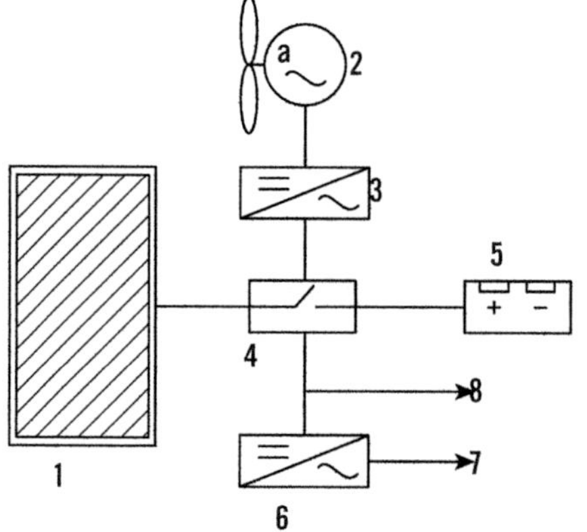

Instalación eólico – fotovoltaica con aerogenerador en CC

En este caso también se muestra el esquema de una instalación solar foto-voltaica con apoyo de un aerogenerador, pero este último funcionando en CC (ausencia de inversor en su salida).

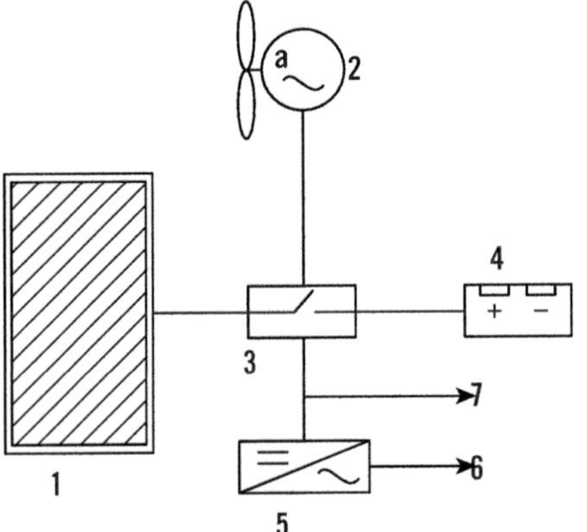

Instalación fotovoltaica con grupo electrógeno

En la siguiente imagen se puede observar el esquema de una instalación solar fotovoltaica con apoyo de un grupo electrógeno.

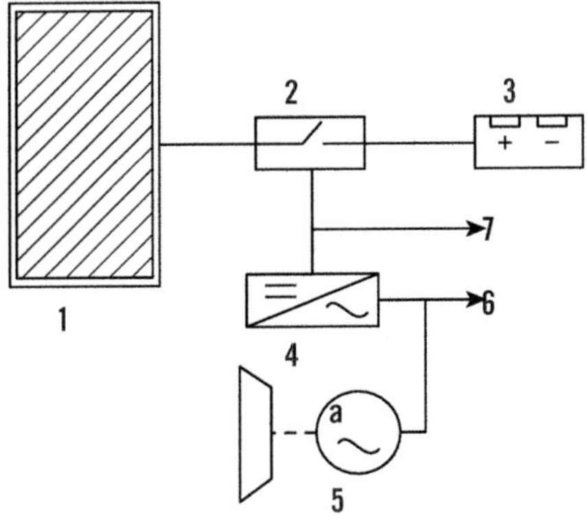

5.5. Sistemas de protección y seguridad en el funcionamiento de las instalaciones

Las instalaciones solares fotovoltaicas, como cualquier otra instalación eléctrica, deben contar con los correspondientes sistemas y elementos de protección, los cuales deben garantizar la seguridad del usuario frente a contactos eléctricos, así como la integridad de la propia instalación.

Protecciones y puesta a tierra de las instalaciones fotovoltaicas

Las instalaciones fotovoltaicas deben presentar aparatos de maniobra y protección para un correcto funcionamiento, por lo que suelen disponer (en una caja precintada) de elementos que permitan desconectarse, en caso de existir fenómenos perturbadores que así lo aconsejen.

Las protecciones son establecidas por el REBT (Reglamento Electrotécnico para Baja Tensión), que enuncia la necesidad de que la instalación disponga de:

- Un interruptor general magnetotérmico en la parte de CA, con una intensidad de corte determinada y accionamiento manual.
- Un interruptor diferencial en las partes de CC y CA, que proteja de los posibles defectos de tierra.
- Un interruptor de corte automático, cuya desconexión esté asociada a las magnitudes, controladas por una serie de relés.

En las instalaciones fotovoltaicas conectadas a red, es necesario diferenciar entre la parte de alterna y continua. En la parte de corriente alterna, el neutro del transformador debe estar conectado a tierra, y las masas metálicas de la instalación, conectadas a otra toma de tierra diferente a la anterior. En la parte de continua, los conductores activos del generador fotovoltaico deben estar aislados con respecto a tierra.

Definición

Elementos de protección:

- Un **varistor** es un dispositivo electrónico cuyo valor resistivo disminuye con el aumento de la tensión aplicada entre sus terminales.
- La función del **magnetotérmico** es la de limitar la intensidad máxima que circulará por un circuito o cable. Está constituido por un bimetal (protección térmica) y un inductor (protección magnética).
- Los **interruptores diferenciales** protegen contra derivaciones de corriente, ocasionadas por fallos en algún aislamiento de la instalación.

La instalación debe tener separación galvánica (separación por medio de un transformador de aislamiento) entre la red de baja tensión (BT) y la instalación fotovoltaica. El neutro de este transformador se conectará a tierra independientemente, respecto a la toma de tierra de las masas.

Para la protección contra sobretensiones en la parte de CA, se suelen utilizar varistores.

A continuación, se muestra el esquema unifilar de una instalación fotovoltaica conectada a red.

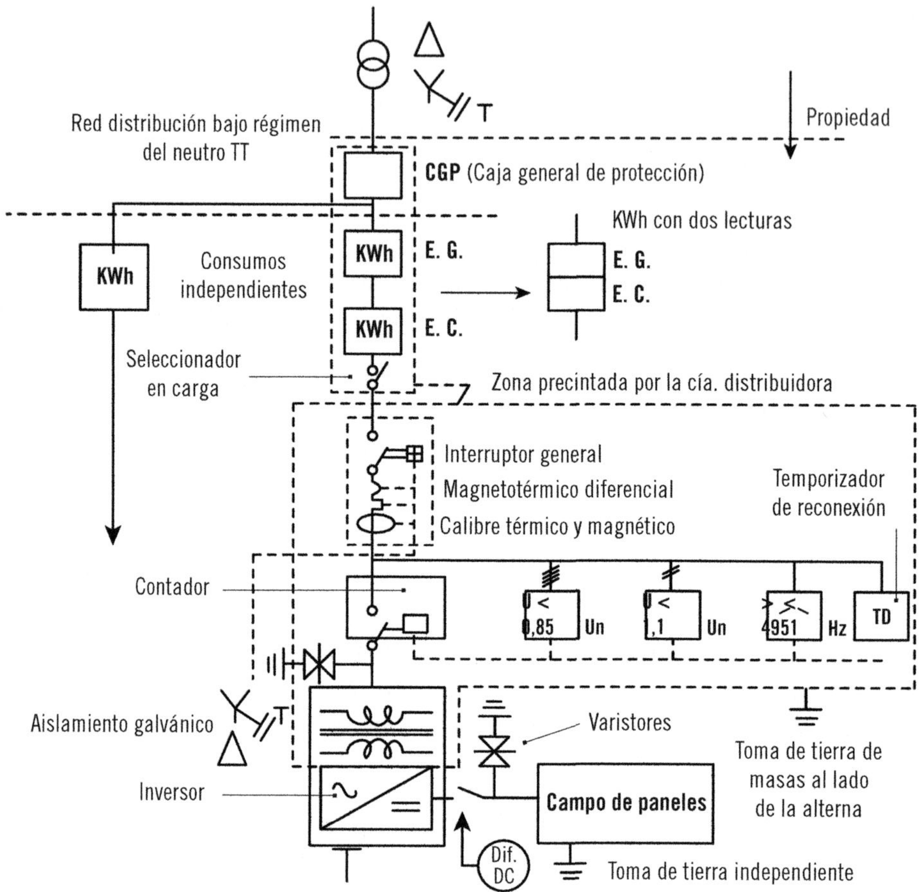

Seguridad y prevención de riesgos

El hecho de que una instalación fotovoltaica sea una instalación eléctrica supone un riesgo, tanto para los operarios de instalación y mantenimiento como para cualquier usuario cotidiano. Por este motivo, tanto los primeros como los segundos deben cumplir estrictamente las medidas de seguridad que correspondan.

Respecto a los **equipos de protección,** en el transporte, manipulación y almacenamiento de los mismos, es necesario evitar que sufran golpes y caídas. Todos los elementos deben permanecer en su embalaje hasta que se instalen y coloquen en la posición correspondiente, y deben almacenarse en un lugar seguro para evitar que sufran daños o robos.

El instalador debe estar protegido con:

- Casco.
- Guantes aislantes.
- Cinturón o arnés de seguridad.
- Gafas protectoras (para evitar la entrada de partículas o deslumbramientos por los rayos solares).

No es conveniente el transporte manual de algunos componentes (por ejemplo, las baterías, que son elementos muy pesados). Para el mantenimiento, se deben utilizar herramientas con asilamientos.

Es necesario que los armarios o cajas que contengan equipos y partes activas estén debidamente señalizados, así como las zonas de la instalación en las que se esté realizando alguna tarea de mantenimiento.

Habrá que tener especial precaución con la presencia de canalizaciones de agua, próximas a cualquier elemento que pertenezca a la instalación.

6. Resumen

Dependiendo del proceso de obtención, la energía se puede diferenciar en primaria y secundaria. Por otro lado, respecto al agotamiento de la fuente primaria, la energía se puede clasificar en renovable y no renovable. Dentro de las renovables, la energía solar fotovoltaica es una de las más utilizadas.

La energía fotovoltaica se puede definir como la transformación directa de la radiación solar en energía eléctrica. Esta transformación se produce en las denominadas células fotovoltaicas.

La energía emitida por el sol puede ser recogida y transformada en energía eléctrica (células fotovoltaicas) o calor (captadores térmicos). En el diseño y disposición de los paneles, es necesario tener en cuenta múltiples factores, como el movimiento de la tierra y el sol, la intensidad solar dependiendo del mes, día y hora, el sombreamiento externo y el producido por los propios captadores del panel, el comportamiento del material del que estén diseñados, etc.

El conocimiento de los datos meteorológicos es muy útil para predecir y aprovechar los recursos renovables. Esta información suele ser representada en atlas o almacenada en grandes bases de datos.

Los denominados atlas solares representan el valor de radiación solar que llega a la superficie de distintas zonas geográficas. El conocimiento de estos datos es fundamental a la hora de predecir el rendimiento de una instalación solar fotovoltaica según el lugar donde se ubique.

Las estaciones meteorológicas son las instalaciones donde se lleva a cabo la medición y estudio de multitud de variables y comportamientos atmosféricos. Estas se pueden clasificar en: pluviométricas, climatológicas (principales y ordinarias), sinópticas (principales y suplementarias) y agrometeorológicas.

Las dos tipologías fundamentales en las que se pueden dividir las instalaciones fotovoltaicas son las "aisladas" y las "conectadas a red".

Es necesario tener en cuenta las propiedades y características más importantes que diferencian a estas instalaciones, así como las medidas y dispositivos de seguridad que afectan a las mismas.

 Ejercicios de repaso y autoevaluación

1. ¿Qué son las energías renovables?

a. Las obtenidas en un laboratorio.
b. Las que se extraen de la corteza terrestre.
c. Las que utilizan una fuente energética virtualmente inagotable.
d. Las que utilizan fuentes energéticas como el carbón o el petróleo (combustibles fósiles).

2. Relacione lo que corresponda:

a. Renovable
b. No renovable

__ Energía solar térmica
__ Energía solar fotovoltaica
__ Petróleo
__ Eólica
__ Biomasa

3. La energía solar fotovoltaica consiste en:

a. Producción de electricidad a partir del calentamiento de un fluido.
b. Producción de electricidad a partir de materiales semiconductores, localizados en células.
c. Utilización de la radiación solar para la combustión de materiales fósiles.
d. Todas las opciones son incorrectas.

4. Determine si las siguientes oraciones son verdaderas o falsa.

a. Por lo general, la inclinación óptima de un captador solar en primavera es de 10° mayor que la latitud.

☐ Verdadero
☐ Falso

b. El conocimiento de la normativa urbanística de la zona es importante a la hora de instalar un panel solar.

☐ Verdadero
☐ Falso

5. Los lugares donde se realizan mediciones y observaciones puntuales, utilizando los instrumentos adecuados de los distintos parámetros meteorológicos, son:

a. Estaciones meteorológicas.
b. Estaciones solares.
c. Estaciones pluviométricas.
d. Todas las opciones son correctas.

6. Determine si las siguientes oraciones son verdaderas o falsa.

a. Estaciones pluviométricas: son las estaciones meteorológicas que tienen un aerogenerador que mide la cantidad de viento entre dos mediciones consecutivas.

☐ Verdadero
☐ Falso

b. Estaciones climatológicas ordinarias: estas estaciones meteorológicas deben ser capaces de medir las precipitaciones y la temperatura de manera instantánea.

☐ Verdadero
☐ Falso

7. La misión del regulador de las instalaciones fotovoltaicas es:

a. Controlar la carga y descarga de la batería.
b. Transformar la CC en CA.
c. Transformar la CA en CC.
d. Almacenar energía en periodos de consumo nulo.

8. Complete la siguiente oración.

Los sistemas fotovoltaicos ________________ _ ______ entregan toda la energía que generan a la red de ____________. Estas instalaciones no suelen disponer de baterías ni
____________, pero sí de ______________, que transforman la CC generada en ____.

9. Relacione los siguientes conceptos:

    a. Grupo electrógeno
    b. Transformación energía del viento en electricidad
    c. Sistema de protección
    d. Carece de baterías

    __ Motor de combustión
    __ Aerogenerador
    __ Sistema directo
    __ Magnetotérmico

10. Un campo fotovoltaico produce:

    a. Corriente continua.
    b. Corriente alterna.
    c. Radiación luminosa.
    d. Vapor.

Capítulo 2

Componentes que conforman las instalaciones solares fotovoltaicas

Contenido

1. Introducción

El generador fotovoltaico es el elemento fundamental de cualquier instalación fotovoltaica, ya que tiene la misión de captar la radiación o energía
luminosa incidente para transformarla en energía eléctrica. Los elementos fundamentales del generador fotovoltaico son las denominadas células solares o
fotovoltaicas, y suelen disponerse formando paneles.

2. Generador fotovoltaico

El generador de una instalación fotovoltaica es el que está constituido por el
panel o paneles fotovoltaicos de la misma. Como se estudiará a continuación,
estos disponen de células que son las encargadas de realizar la conversión
radiación-electricidad.

2.1. Panel fotovoltaico

Un panel solar o fotovoltaico está formado por varias células idénticas interconectadas eléctricamente, en serie y/o en paralelo, de forma que la tensión y
corriente que pueda suministrar el panel se ajuste al valor deseado. La mayor
parte de los paneles solares se construyen asociando primero células en serie,
hasta conseguir el nivel de tensión deseado; y, posteriormente, colocando en
paralelo varias de estas asociaciones en serie, para poder alcanzar el nivel de
intensidad necesario.

Panel fotovoltaico

Además de las células solares, los paneles cuentan con otros elementos, que hacen posible la protección del conjunto frente a agentes externos, asegurando una rigidez adecuada, posibilitando la sujeción a las estructuras que los sostienen y permitiendo la interconexión eléctrica.

 **Nota**

Al asociar varios elementos en serie (entrada de cada uno conectada a la salida del otro), todos comparten el mismo valor de intensidad pero no de tensión, la cual dependerá del valor de impedancia (oposición al paso de la corriente) de estos elementos. Esto se conoce como **divisor de tensión.**

Por otro lado, al conectar varios elementos en paralelo, la tensión que soporta cada uno es la misma, mientras que la intensidad que circula por ellos dependerá de la impedancia o resistencia de dichos elementos. Esta asociación es conocida como **divisor de intensidad.**

Los paneles solares suelen tener entre 60 y 72 células, aunque lo más habitual es que cuenten con 60. La superficie del panel o módulo puede variar entre 1,3 y 1,6 m^2 y presenta dos tomas de salida: positiva y negativa, aunque a veces tiene alguna intermedia para permitir la colocación de diodos de protección. Normalmente, los paneles que se utilizan están diseñados para trabajar en combinación con baterías de tensiones múltiplo de 12 V.

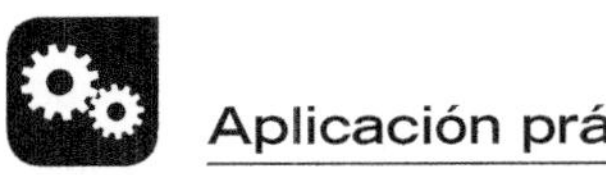

Aplicación práctica

Interprete la siguiente imagen:

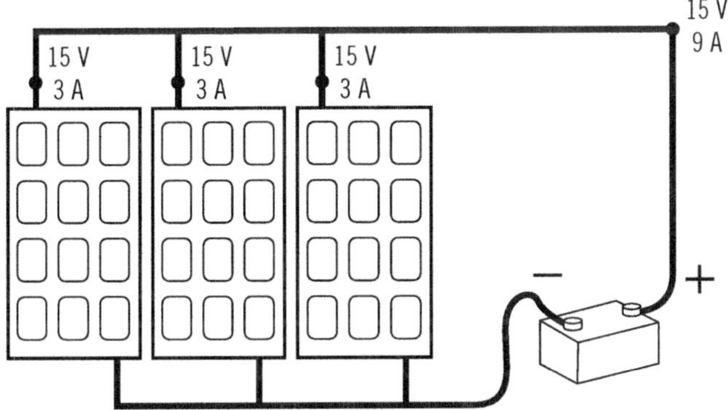

SOLUCIÓN

Se trata de tres paneles fotovoltaicos conectados en paralelo (paneles, no células) a una carga. Al tener esta conexión, la intensidad a la salida corresponderá a la suma de las intensidades que puede suministrar cada panel ($3 + 3 + 3 = 9$), mientras que la tensión no varía (15 V).

2.2. Conversión eléctrica

Los materiales usados para la construcción de células solares se denominan **semiconductores**. Estos materiales se usan debido a que la energía de los electrones de la última capa (capa de valencia) de sus átomos es similar a la energía de las partículas que producen la radiación solar (fotones).

Por lo tanto, cuando la luz solar incide sobre el semiconductor (generalmente silicio), sus fotones suministran la cantidad de energía necesaria a los electrones de valencia para que se rompan los enlaces y queden libres para circular por el material. Por cada electrón que se libera, aparece un hueco. Dichos huecos se comportan como partículas con carga positiva (+).

Cuando la radiación luminosa en forma de fotones es absorbida por los semiconductores, se generan pares de portadores de carga eléctrica: electrones y huecos, los cuales deben ser separados para poder usar la energía que cada uno representa. Estos portadores, generados por la energía de los fotones, viajan bajo un gradiente de concentración hacia la unión en donde son separados por efecto del campo eléctrico. Esta separación envía electrones fotogenerados a la capa N y huecos fotogenerados a la capa P, creándose una diferencia de potencial entre las superficies superior e inferior de las capas.

 **Nota**

La mayoría de los dispositivos semiconductores utilizados en electrónica contienen regiones de tipo P y regiones de tipo N. La **unión PN** consiste en un cristal semiconductor con una región dopada con impurezas aceptadoras o huecos (P) y otra unión con impurezas donadoras o electrones en exceso (N). Las propiedades de contacto entre estas zonas son fundamentales para el funcionamiento de cualquier dispositivo electrónico construido a partir de materiales semiconductores.

La acumulación de cargas en las superficies del dispositivo da como resultado un voltaje eléctrico que se puede medir externamente. Si se establece un circuito eléctrico externo entre las dos superficies, los electrones acumulados fluirán a través de él, regresando a su posición inicial. Este flujo de electrones forma lo que se denomina como **corriente generada o fotovoltaica (FV).**

 **Recuerde**

Un panel solar o fotovoltaico está formado por varias células idénticas interconectadas eléctricamente, en serie y/o en paralelo, de forma que la tensión y corriente que pueda suministrar el panel se ajuste al valor deseado.

Estructura de una célula solar

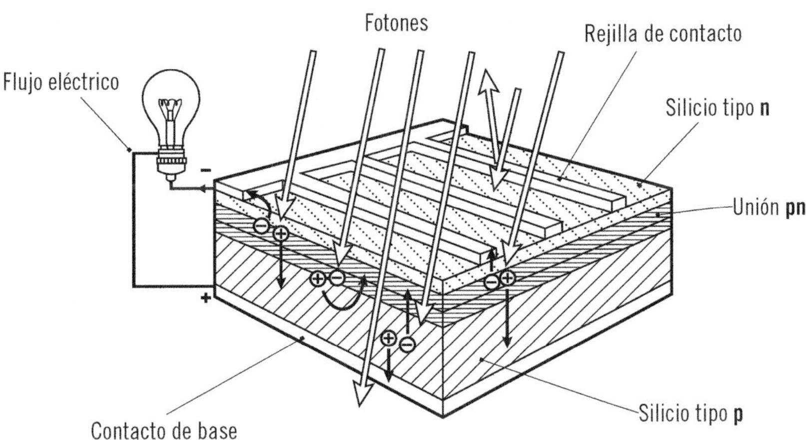

2.3. Electricidad fotovoltaica

El efecto fotovoltaico es el principio de funcionamiento de las células solares. Este fenómeno hace posible que se genera electricidad a partir de la radiación solar incidente

El efecto fotovoltaico

El efecto fotovoltaico es el fenómeno físico que consiste en la conversión de energía luminosa en energía eléctrica. Para que se produzca dicho efecto, debe existir:

- Una estructura capaz de introducir un campo eléctrico: unión PN.
- Que la radiación solar sea capaz de romper los enlaces entre átomos para liberar electrones.

El efecto fotovoltaico se produce cuando la radiación solar incide sobre la unión PN del material semiconductor, se rompen los enlaces y el campo eléctrico orienta las cargas del electrón y el hueco, estableciéndose la diferencia de potencial a partir de la cual circula corriente por la carga.

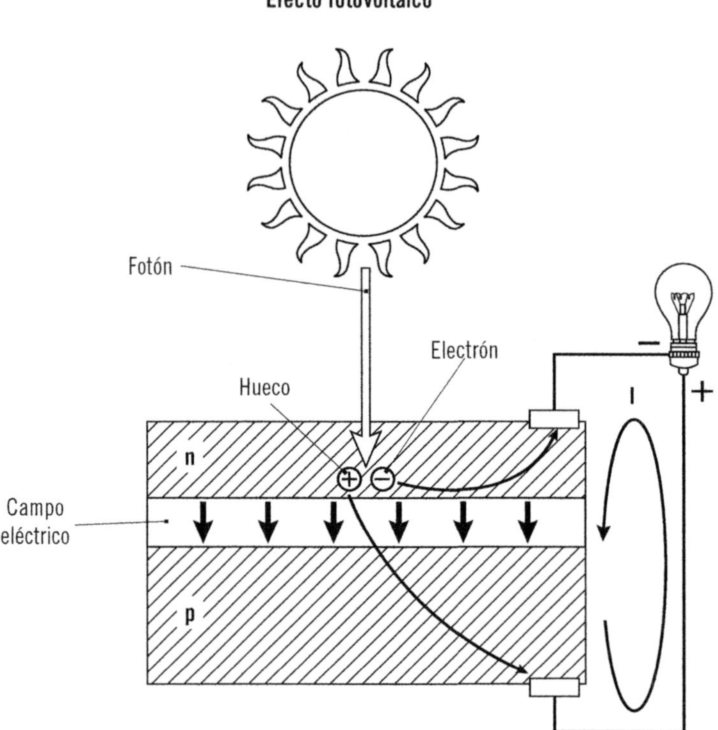

La célula solar

Una célula solar es un dispositivo capaz de convertir la energía procedente de la radiación solar en energía eléctrica (efecto fotovoltaico). La mayoría de las células solares que actualmente se encuentran disponibles son de silicio mono o policristalino. El primer tipo se encuentra más generalizado y, aunque su proceso de fabricación es más complicado, suele ser más eficiente.

Para construir una célula solar, además de la unión PN, se deben realizar otras tareas, como añadir a esta unión electrodos para que puedan "sacar" la corriente, así como encapsularla, a fin de protegerla contra condiciones adversas: polvo, humedad etc.

Para extraer la corriente generada en la célula, es necesario colocar unos electrodos de tipo metálico en ambas caras de la célula. Normalmente, estos electrodos se serigrafían a partir de una capa muy fina de aluminio (cara anterior). En la cara donde incide la radiación (cara posterior) se colocan los contactos, formando una estructura de árbol. Para reducir la reflexión de la radiación incidente, se imprime en la cara correspondiente (delantera) una capa antirreflectante de dióxido de nitrato.

Importante

En la célula solar se producen pérdidas por:

- Recombinación de los electrones (e). La recombinación es el proceso inverso que existe cuando el electrón libre es capturado por un hueco (h) (enlace vacío) del material. En consecuencia, si se admite que una célula genera pares e-h, también se debe admitir que recombina pares e-h, es decir, que tiene un mínimo volumen de pérdidas.
- Reflexión de la radiación incidente.
- Sombreado que producen los contactos de la cara frontal de la célula.

Por otro lado, es importante saber que la corriente entregada a la carga (I) por una célula solar es el resultado neto de dos componentes internas de intensidad opuestas. Estas son:

- **Corriente de iluminación (I_{ph}):** se debe a la generación de portadores producida por la iluminación.
- **Corriente de oscuridad (I_D):** es debida a la recombinación de portadores que produce la tensión externa necesaria para poder entregar energía a la carga.

Componentes eléctricos en una célula solar

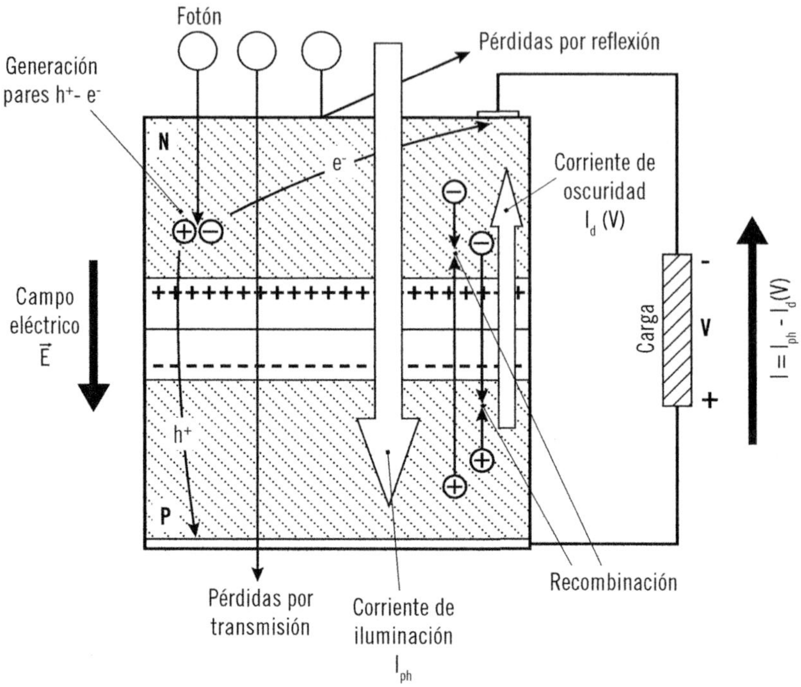

Tipos de células

Existen diversos tipos de células solares, las cuales se diferencian según determinados aspectos: material con el que han sido construidas, su estructura interna, grosor, etc. A continuación, se describen las más importantes.

Células de lámina delgada

Las células de silicio cristalino suelen tener un espesor considerable (comparadas con otras células), debido al reducido coeficiente de absorción que presentan respecto a la luz incidente y a la necesidad de disminuir las pérdidas por transmisión.

A no ser que se incorporen procedimientos de confinamiento óptico al silicio cristalino (silicio cristalino de lámina delgada), se hace necesario utilizar otros materiales semiconductores para la fabricación de células de lámina delgada.

A continuación, se explican las células de lámina delgada que han sido objeto de mayor atención en el mercado.

Células de silicio amorfo

El silicio amorfo se caracteriza porque los átomos que lo componen no están estructurados con un orden periódico definido, por lo que existe un número considerable de enlaces incompletos.

Por otra parte, el silicio amorfo presenta problemas de dopaje con materiales de tipo N o P, por lo que se le añade cierta cantidad de hidrógeno.

Entre las ventajas más significativas de estas células, se pueden destacar:

- El material de partida es prácticamente inagotable (silicio).
- Barato proceso de fabricación respecto al silicio cristalino (menos exigente en cuanto a material y energía).
- La asociación en serie de las células puede llevarse a cabo de una sola pieza (más estético).

En cuanto a las desventajas más singulares, se puede mencionar la degradación por exposición a la luz, aunque, sometiendo a la célula a temperaturas superiores a los 100 ºC, se pueden recuperar las especificaciones iniciales.

Células de silicio amorfo

Células de arseniuro de galio

El arseniuro de galio tiene unas propiedades semiconductoras que lo hacen ideal para fabricar células solares. Además, tiene la facilidad de enlazarse con ciertos materiales y así permitir la construcción de células más eficientes (además de la reducción de pérdidas por no absorción).

El incremento del rendimiento de estas células bajo luz concentrada es debido, en parte, a que la sensibilidad de la eficiencia de las mismas frente a la temperatura es muy inferior a la del silicio.

Células de arseniuro de galio

El elevado coste y la toxicidad de los componentes de las células de arseniuro de galio son las desventajas más importantes que se pueden destacar de esta tipología.

Células de teluro de cadmio

Este material presenta características muy parecidas al arseniuro de galio: propiedades semiconductoras, alto cociente de absorción e inconveniente medioambiental (toxicidad del cadmio).

Células de teluro de cadmio

Células de diseleniuro de indio y cobre (CIS)

El diseleniuro de indio y cobre es policristalino y, al igual que el silicio policristalino, el tamaño de los cristales influye en gran medida en la eficiencia de las células que se fabriquen. Las mayores eficiencias obtenidas con estas células se sitúan alrededor del 17 %, y módulos de tamaño comercial han demostrado rendimientos en torno al 9 %, con estabilidad prolongada en periodos de varios años.

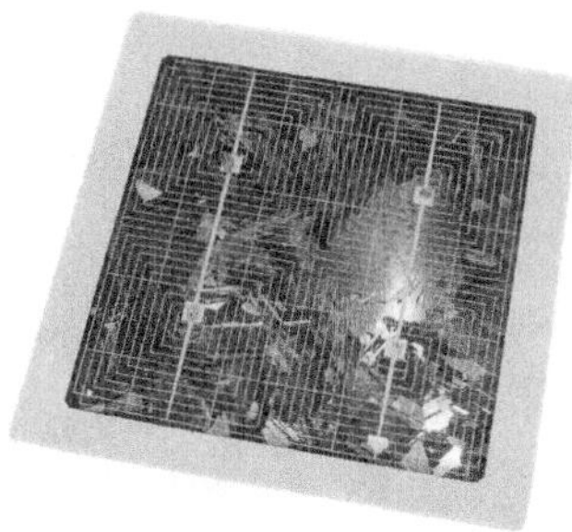

Células de diseleniuro de indio y cobre (CIS)

Células de silicio cristalino de lámina delgada

A pesar de ser mucho más delgadas que las convencionales, presentan un espesor mucho mayor que las otras células de lámina delgada. No presentan toxicidad, el material base (silicio) es muy abundante y la eficiencia se mantiene constante con el tiempo.

A diferencia de las otras células de silicio cristalino, es necesario que las de lámina delgada se depositen sobre un sustrato que las soporte (por deposición), siendo el tipo de sustrato elegido un aspecto clave que debe ser optimizado.

Células Tanden

Se pueden conseguir notables incrementos de rendimiento con células multiunión o tanden, ya que en estas se lleva a cabo un mejor aprovechamiento de la energía presente en el espectro solar.

Básicamente, estas células consisten en la superposición de células construidas con semiconductores distintos, a fin de que fotones que no son energéticamente eficientes para una, lo sean para la otra (gran adaptación al espectro solar).

Huerto solar

2.4. El panel solar

Los panales solares son los elementos más importantes de cualquier instalación fotovoltaica y el dispositivo en el que se produce la conversión energía solar – energía eléctrica.

Características físicas, constructivas y eléctricas

En el proceso de diseño de una instalación solar fotovoltaica es fundamental conocer y estudiar las características técnicas de los paneles solares disponibles en el mercado, ya que dichos aspectos van a influir, entre otras cosas, en el rendimiento del sistema.

Características eléctricas

La fabricación, el comportamiento y las características eléctricas y mecánicas del módulo fotovoltaico vienen determinados en la hoja de características del dispositivo, que siempre es proporcionada por el fabricante.

En estas hojas de características aparecen los parámetros que se exponen a continuación.

Potencia máxima o potencia pico del módulo (PmaxG)

Si se conecta una determinada carga al panel, el punto de trabajo vendrá determinado por la corriente I y la tensión V existentes en el circuito. Estos valores tendrán que ser inferiores que IscG y VocG (que se definirán más adelante) respectivamente.

La potencia P que el panel entrega a la carga está determinada por la siguiente ecuación:

$$P = V \cdot I$$

Su valor más alto se denomina **potencia máxima o pico del módulo.** Los valores de la corriente y tensión correspondientes a este punto se conocen respectivamente como:

- **IPmax:** Intensidad cuando la potencia es máxima o corriente en el punto de máxima potencia.
- **VPmax:** La tensión cuando la potencia también es máxima o tensión en el punto de máxima potencia.

Corriente de cortocircuito (IscG)

Al cortocircuitar los terminales del panel (V=0) y recibir radiación solar, la intensidad que circula por el panel es máxima y el valor se denomina IscG.

Tensión de circuito abierto (VocG)

Se obtiene al dejar los terminales del panel en circuito abierto (I=0). Entre ellos, aparece, al recibir la radiación, una tensión que será máxima.

Estos parámetros se obtienen en condiciones estándar de medida, que, según la norma EN61215, están establecidas como sigue y el fabricante debe especificarlas:

Irradiancia: 1.000 W/m^2 (1 KW/m^2)

Distribución espectral de la radiación incidente: AM1.5 (masa de aire)

Incidencia normal

Temperatura de la célula: 25 ºC

Otro parámetro que debe ser suministrado por el fabricante es la Temperatura de Operación Nominal de la Célula (TONC). Dicho parámetro se refiere a la temperatura que alcanzan las células solares cuando el módulo está sometido a las siguientes condiciones de operación:

Irradiancia: 800 W/m²

Distribución espectral de la radiación incidente: AM1.5 (masa de aire)

Incidencia normal

Temperatura ambiente: 20 ºC

Velocidad del viento: 1 m/s

Comportamiento

Existen varios factores que afectan al funcionamiento de los módulos fotovoltaicos. Algunos son:

- **La intensidad aumenta con la radiación,** permaneciendo la tensión más o menos constante. Es importante tener presente este efecto, ya que los valores de la radiación varían a lo largo de todo el día en función del ángulo del sol con el horizonte, por lo que es importante la adecuada colocación de los paneles y la posibilidad de cambiar la posición a lo largo del tiempo, según la hora del día o la estación del año.

- **La exposición al Sol de las células provoca su calentamiento,** lo que produce variaciones en la producción de electricidad. Por ejemplo, una radiación de 1.000 W/m² es capaz de calentar una célula unos 30 ºC por encima de la temperatura del aire circundante. A medida que aumenta la temperatura, el voltaje generado disminuye, por lo que es recomendable disponer los paneles de tal manera que estén bien aireados. Este factor condiciona, en gran medida, el diseño de los sistemas de concentración, ya que las temperaturas que se alcanzan son muy altas, por lo que las células deben diseñarse para operar en ese rango de temperatura, o bien contar con sistemas adecuados para la disipación de calor.

- **El número de células por módulo afecta principalmente al voltaje,** puesto que cada una de ellas produce aproximadamente 0,4 V. La tensión de salida del módulo aumenta en esa proporción.

Sabía que...

Un mediodía a pleno sol equivale a una radiación de 1.000 W/m². Cuando el cielo está cubierto, la radiación apenas alcanza los 100 W/m².

Elementos

Además de las células, los paneles solares están constituidos por algunos elementos adicionales, que son los siguientes:

- **Cubierta exterior de cara al Sol:** es de vidrio, ya que debe facilitar lo máximo posible la transmisión de la radiación solar que llega al panel. Se caracteriza por su buena resistencia mecánica, alta transmisividad y bajo contenido en hierro.
- **Encapsulante:** suele ser de silicona o, más frecuentemente, EVA (etilen-vinil-acetato). Es especialmente importante que no quede afectado en su transparencia por la continua exposición solar, buscándose además un índice de refracción similar al del vidrio protector, y así no alterar las condiciones de la radiación incidente.
- **Protección posterior:** esta parte debe dar rigidez y una gran protección frente a inclemencias atmosféricas. En su fabricación, se suelen emplear láminas formadas por distintas capas de materiales, de diferentes características.
- **Marco metálico:** es de aluminio y asegura una suficiente rigidez al conjunto, incorporando elementos de sujeción a la estructura exterior del panel. La unión entre el marco metálico y los elementos que forman el módulo se realiza mediante distintos tipos de sistemas resistentes a las condiciones de trabajo del panel.
- **Cableado y bornas de conexión:** son habituales en las instalaciones eléctricas, y son protegidos y aislados de la intemperie por cajas.
- **Diodo de protección:** su misión es la protección contra sobrecargas y demás alteraciones respecto a las condiciones de funcionamiento del panel.

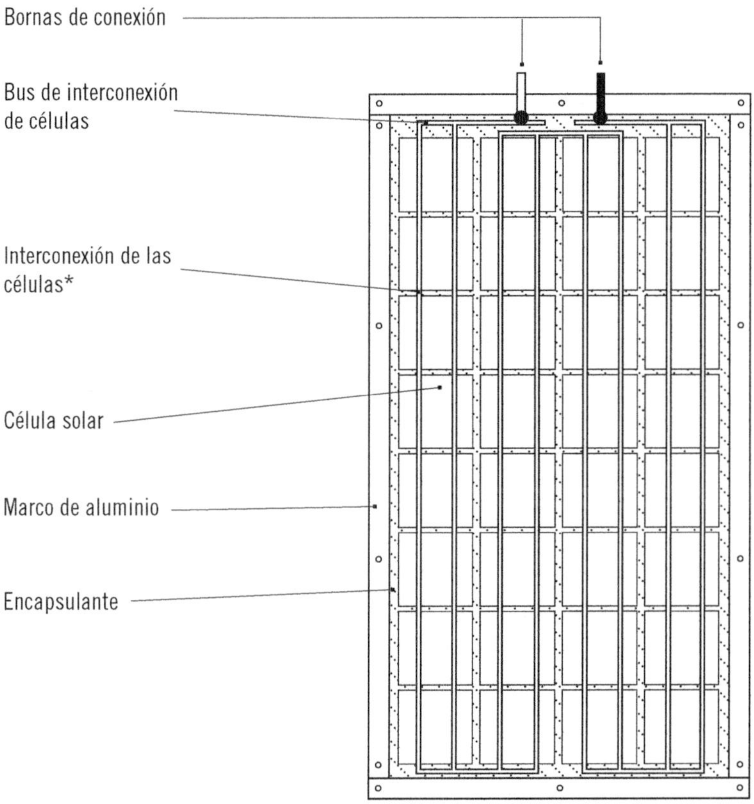
Bornas de conexión
Bus de interconexión de células
Interconexión de las células*
Célula solar
Marco de aluminio
Encapsulante

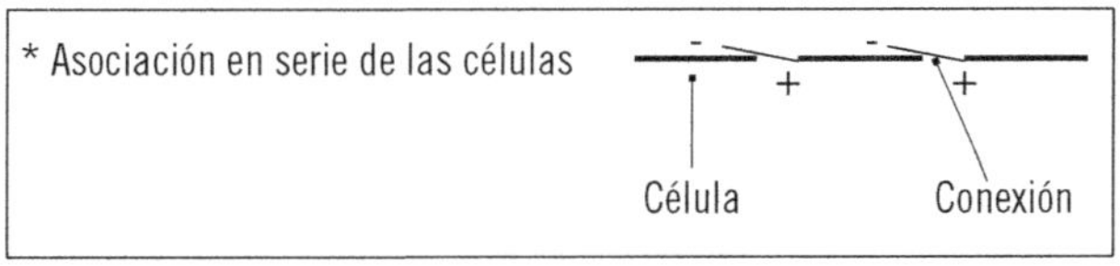
* Asociación en serie de las células
-
+
-
+
Célula
Conexión

Marco de aluminio
Cubierta de vidrio
Encapsulantes
Célula fotovoltáica
Conexión
Cajetin estanco
Diodo de protección
Cubierta posterior
Bornas de conexión
Agujero de fijación

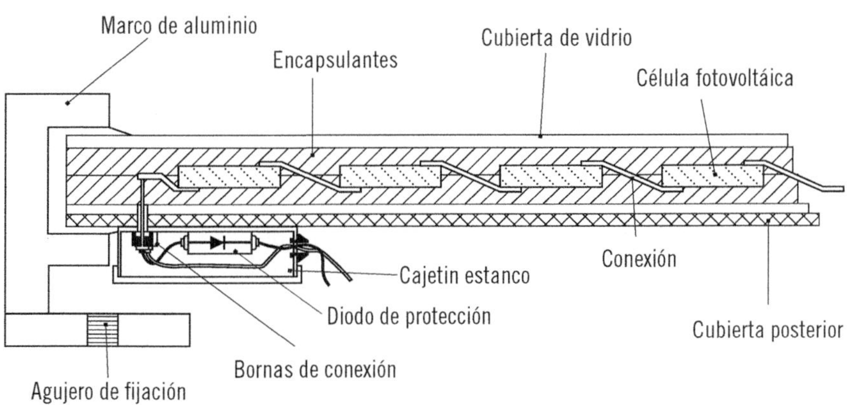

2.5. Protecciones del generador fotovoltaico

El HE 5 es una sección del Código Técnico de la Edificación, que establece la contribución mínima de energía eléctrica para instalaciones fotovoltaicas conectadas a red. Dentro de esta norma, se establecen las protecciones que deben tener los sistemas generadores fotovoltaicos, que son las siguientes:

- Todos los módulos deben satisfacer las especificaciones UNE-EN 61215-1-1:2016 para módulos de silicio cristalino, o UNE-EN 61215-1-2:2017 para módulos fotovoltaicos de capa delgada, así como estar cualificados por algún laboratorio acreditado por las entidades nacionales de acreditación.

- En el caso excepcional en el cual no se disponga de módulos cualificados por un laboratorio, según lo indicado en el apartado anterior, se deben someter estos a las pruebas y ensayos necesarios, de acuerdo a la aplicación específica según el uso y condiciones de montaje en las que se vayan a utilizar, realizándose las pruebas que, a criterio de alguno de los laboratorios antes indicados, sean necesarias, otorgándose el certificado específico correspondiente.

- El módulo fotovoltaico llevará, de forma claramente visible e indeleble, el modelo y nombre o logotipo del fabricante, potencia pico, así como una identificación individual o número de serie trazable a la fecha de fabricación.

- Los módulos tendrán un grado de protección mínimo IP65. Por motivos de seguridad y para facilitar el mantenimiento y reparación del generador, se instalarán los elementos necesarios (fusibles, interruptores, etc.) para la desconexión, de forma independiente y en ambos terminales, de cada una de las ramas del resto del generador.

- Las exigencias del Código Técnico de la Edificación relativas a seguridad estructural serán de aplicación a la estructura soporte de módulos.

- El cálculo y la construcción de la estructura y el sistema de fijación de módulos permitirán las necesarias dilataciones térmicas sin transmitir cargas que puedan afectar a la integridad de los módulos, siguiendo las indicaciones del fabricante. La estructura se realizará teniendo en cuenta la facilidad de montaje y desmontaje, y la posible necesidad de sustituciones de elementos.

- La estructura se protegerá superficialmente contra la acción de los agentes ambientales.
- En el caso de instalaciones integradas en cubierta que hagan las veces de la cubierta del edificio, la estructura y la estanqueidad entre módulos se ajustará a las exigencias indicadas en la parte correspondiente del Código Técnico de la Edificación y demás normativa de aplicación.

3. Estructuras y soportes

A menudo, cuando se diseña una instalación solar fotovoltaica, toda la atención se suele centrar en el cálculo de los módulos, descuidándose el diseño del sistema de sujeción que orienta y fija estos.

El sistema de sujeción del generador fotovoltaico es tan importante como el propio panel, debido a que, un fallo de estos, puede provocar una inmediata parada e incluso la destrucción de la instalación.

3.1. Tipos de estructuras

Los paneles solares fotovoltaicos necesitan ser colocados sobre soportes solares rígidos, lo que permite mantener en ángulo de inclinación óptimo, incluso cuando soplen vientos fuertes o caigan nevadas.

Existen dos tipos fundamentales:

- Soportes fijos (inamovible) y ajustables (se puede variar manualmente).
- Soportes automáticos o de seguimiento (se orientan solos, dependiendo de la posición del sol).

Para elegir el más adecuado, se debe tener en cuenta el costo máximo para el sistema y el incremento porcentual de energía que se obtendría al usar cada uno de estos tipos.

Movimiento de un seguidor solar

La latitud del lugar determina el grado de variación entre la posición del sol al amanecer y cuando alcanza el cenit. Si esta variación es externa y el bloque generador tiene gran cantidad de paneles, el diseño debería incorporar el soporte automático. Si, por el contrario, la potencia a generar está por debajo de los 300 o 400 W, un panel ajustable sería la solución más económica. Si la variación de la altura del sol es mínima, un panel fijo será suficiente.

Definición

Cenit (Zenit)

Es la intersección entre la vertical del observador y una esfera celeste imaginaria. Si se imaginara una recta, que pasa por el centro de la tierra y por donde se encuentra el observador, el cenit se localizaría sobre esa recta, por encima de él. Es el punto más alto del cielo.

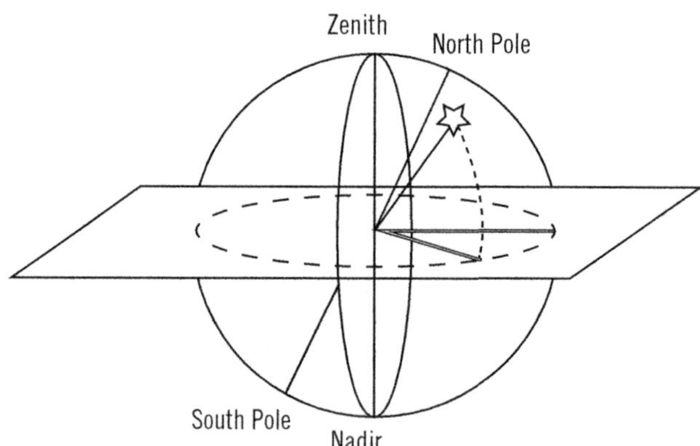

3.2. Dimensionado

A continuación, se estudian los aspectos y consideraciones más importantes relacionadas con el dimensionamiento y cálculo del sistema o estructura soporte de los paneles solares en una instalación fotovoltaica.

Instalación

Dependiendo si la instalación se localiza en un edificio integrado o no, la estructura soporte tendrá diferentes peculiaridades.

En instalaciones no integradas, el anclaje de los módulos dependerá de cómo esté construida la cubierta o los cerramientos, y de las fuerzas que actúan sobre él como consecuencia de los esfuerzos provocados por la nieve y el viento.

El instalador deberá montar la estructura soporte asegurándose de que sea capaz de resistir las cargas a las que pueda estar sometida (definidas en el proyecto de la instalación). En cuanto a las instrucciones de instalación y ensamblado, suelen ser indicadas en la documentación del fabricante.

Como normas a seguir, se pueden destacar:

- Las estructuras sobre el suelo deben anclarse sobre cimentaciones de hormigón. Estas deben ser calculadas para evitar el vuelco por la acción del viento trasero.
- La estructura tiene que fijarse con tornillos introducidos en el hormigón cuando se está realizando la cimentación.
- En las estructuras sobre las cubiertas, no se debe traspasar esta para evitar infiltraciones de agua. En las estructuras planas, se deben considerar muretes de hormigón armado con varilla metálica, para que garanticen una total sujeción y eviten el vuelco del módulo.
- En la fijación de la estructura en el tejado atravesando la cubierta, es necesaria la colocación de faldones y collarines estancos.
- Es más conveniente utilizar estructuras de perfiles atornillados y partes roscadas para simplificar las labores de mantenimiento, que encarecerían la instalación, sobre todo las aisladas.

- Con el tratamiento galvanizado, se protege la estructura soporte (normalmente de hierro) contra la corrosión.
- Los taladros deben hacerse antes de aplicar la protección contra la corrosión.
- Algunas estructuras de pequeñas instalaciones suelen ser de aluminio anodizado (para las instalaciones grandes resultaría muy caro).
- El acero inoxidable también es muy caro, por lo que solo suele utilizarse en ambientes muy corrosivos.
- La tornillería deberá ser de acero inoxidable o estar galvanizada.
- En caso de los módulos móviles, la fijación deberá permitir el movimiento sin que se transmitan esfuerzos de dilatación.
- Las filas de módulos deberán situarse perfectamente alineados y con una distancia entre ellos suficiente para la colocación de las conexiones de cableado entre módulos y demás elementos.
- Cuando los módulos presenten cierta inclinación, se debe dejar una separación mínima entre los módulos de 3 cm aproximadamente, y así permitir el paso del aire y disminuir las cargas del viento sobre los módulos.
- Para la correcta transmisión de esfuerzos, es muy importante el aplomo de los elementos verticales de la estructura soporte.
- La estructura debe estar preparada para una posible ampliación futura.

Diseño y cálculo

El principal factor a la hora de fijar la estructura no es el peso de los paneles, sino la fuerza del viento que, dependiendo de la zona, puede llegar a ser considerable. La estructura debe tener un anclaje que lo haga resistente a la acción de los agentes atmosféricos de la zona y deberá resistir vientos de, como mínimo, 150 km/h.

Como los módulos fotovoltaicos estarán aproximadamente orientados al sur, las cargas de viento que pueden ser peligrosas serán las que vengan del norte, ya que suponen fuerzas de tracción sobre los anclajes, que son mucho más peligrosas que la de compresión.

La fuerza del viento que puede actuar sobre cada uno de los módulos, se puede calcular a partir de la expresión:

$$F = p \cdot S \cdot \sin \alpha$$

Donde:

- s = superficie del módulo.
- a = ángulo de inclinación de los módulos respecto a la horizontal.
- p = presión frontal del viento, es decir, la que ejercería el viento sobre los módulos si estos se encontraran perpendiculares a la dirección del mismo. Depende de la velocidad.

Esquema de actuación de la fuerza del viento sobre un módulo

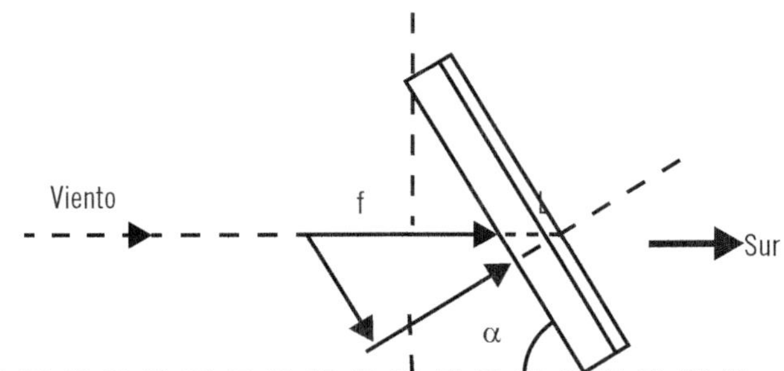

 **Aplicación práctica**

A partir de la expresión anterior, calcule la expresión de la fuerza del viento si el panel se encuentra totalmente perpendicular al suelo. ¿Será máxima o mínima dicha fuerza?

SOLUCIÓN

Al encontrarse perpendicular, $\alpha = 90º$, por lo que:

$F = p \cdot S \cdot \sin 90$
$F = p \cdot S \cdot 1;$
$F = p \cdot S$

La fuerza será máxima en este caso, ya que cualquier otro valor menor de 90º reduciría el valor de F (si α está comprendido entre 0 y 1).

3.3. Estructuras fijas y con seguimiento solar

Los soportes fijos se suelen elegir en lugares donde la latitud permite un ángulo de inclinación fijo (latitud más 15°), cuyo valor incrementa las horas de generación durante el invierno, cuando el consumo nocturno aumenta y disminuye la eficiencia de la insolación durante el verano (cuando los días son más largos). Las diferencias de diseño y costo entre un soporte fijo y otro ajustable son mínimas, por ello, los soportes **ajustables** son los más usados.

Soportes ajustables

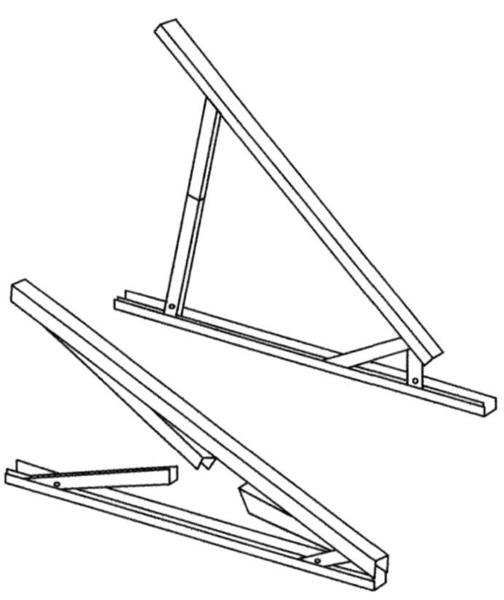

Recuerde

El sistema de sujeción del generador fotovoltaico es tan importante como el propio panel, debido a que un fallo de estos puede provocar una inmediata parada e incluso la destrucción de la instalación.

Los soportes **automáticos** permiten seguir la trayectoria del sol desde el amanecer hasta el atardecer. Existen dos tipos:

- **Seguidor automático pasivo.** Recibe este nombre debido a que puede realizar un único movimiento de este a oeste (movimiento azimutal), y no consume energía eléctrica. El movimiento azimutal se consigue usando el calor del sol, que altera la distribución del peso entre los lados que miran al este y al oeste. Poseen dos tanques (uno mirando al este y otro al oeste) que están comunicados entre sí y están llenos de una sustancia líquida de bajo punto de ebullición (freón), y tienen placas metálicas que exponen un lado al sol mientras sombrean el resto.
  El lado sombreado (frío) conserva el freón en forma líquida, mientras que el lado que recibe el sol lo vaporiza. El desplazamiento de gases al lado contrario donde se condensan, provoca el movimiento azimutal.

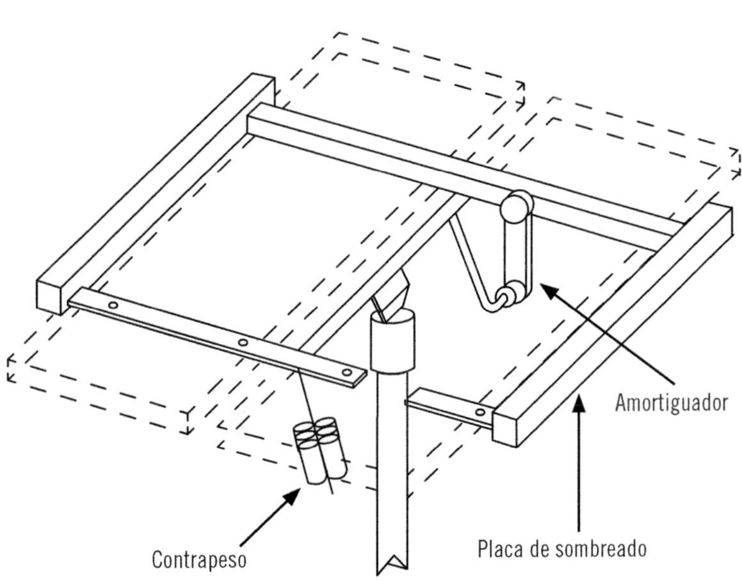

Seguidor automático pasivo

Al comenzar el día, el seguidor tiene la posición correspondiente a la de la noche anterior, y necesita ser "despertado" por el sol saliente para exponer los paneles hacia esa dirección. A partir de ese momento, el calor del sol y el sombreado de los tanques permiten que el seguidor continúe con su movimiento azimutal con relativa precisión. Estas unidades suelen tener amortiguadores para minimizar la acción del viento, y el ángulo de inclinación se ajusta manualmente.

Movimiento de un seguidor solar

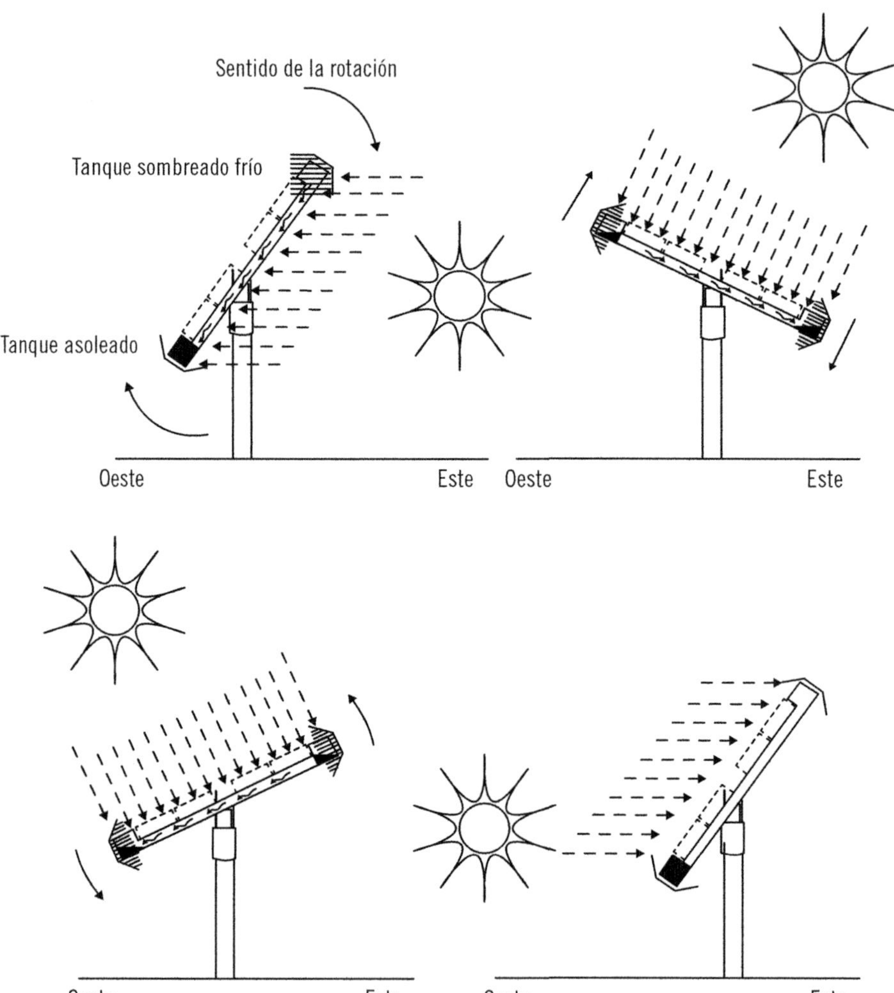

■ **Seguidor automático activo.** Existen dos modelos para esta tipología: seguidor de un eje y de dos ejes. Algunos son diseñados exclusivamente para seguir el movimiento azimutal y permiten, como el anterior, un ajuste manual del ángulo de inclinación.

Seguidor automático activo

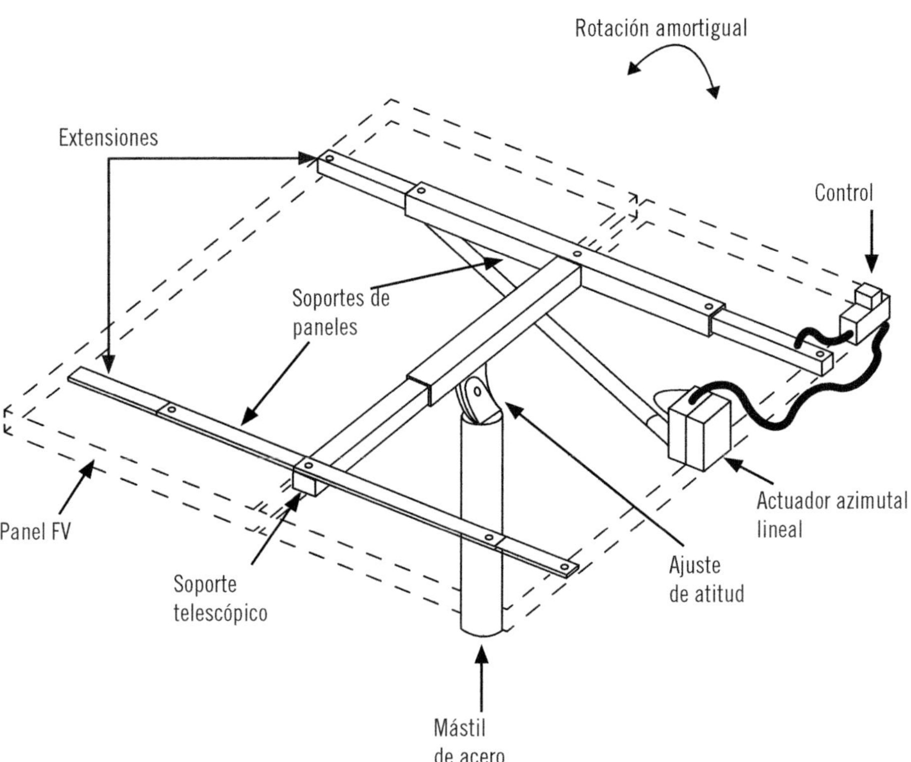

Otros modelos ofrecen la opción de poder incorporar el movimiento de inclinación a posteriori. Por último, los modelos más elaborados incorporan los dos movimientos automáticos.

Esta variedad de modelos permite abaratar los costos cuando no se necesita seguir la altura del sol con precisión. A diferencia del modelo pasivo, los activos utilizan pequeños motores eléctricos (24 V), que están comandados por una unidad de control que actúa respondiendo a la información recogida por el correspondiente sensor. Para llevar a cabo el movimiento, toman un mínimo de energía (5 Wh/día), ya sea del banco de baterías o de los paneles (dependiendo del modelo usado).

4. Acumuladores

La energía producida y demandada en las instalaciones fotovoltaicas es muy variable y depende de la radiación incidente. Por esta razón, se hace imprescindible disponer de un sistema de acumulación de energía que permita ajustar la oferta a la demanda energética. En las instalaciones aisladas, este almacenamiento energético se realiza en baterías.

4.1. Tipos de acumuladores (plomo-ácido, níquel-cadmio, etc.)

En el mercado no existe una batería óptima para todas las aplicaciones, sino que existen varios tipos. Los más importantes son:

- Plomo ácido (Pb-ácido).
- Níquel-Cadmio (Ni-Cd).
- Níquel-Zinc (Ni-Zn).
- Zn-Cloro (Zn-Cl$_2$).
- Litio (Li).

De todos estos, más del 90 % del mercado corresponde a las baterías de **Plomo ácido** que, en general y siempre que pueda realizarse un mantenimiento, son las que mejor se adaptan a los sistemas de generación fotovoltaica. Dentro de las de plomo ácido, se pueden localizar las de Plomo-Calcio (Pb-Ca) y las de Plomo-Antimonio (Pb-Sb).

Las primeras tienen a su favor una menor autodescarga, así como un mantenimiento más limitado; mientras que las de Pb-Sb sufren un deterioro inferior con la sucesión de ciclos y presentan mejores propiedades para niveles de baja carga. Este segundo tipo soporta grandes descargas y siempre tiene, atendiendo a las condiciones de uso, una vida media comprendida entre los diez y quince años.

Definición

Conceptos básicos en el estudio de las pilas y acumuladores:

Electrolito
Líquido que permite el paso de la corriente eléctrica.

Electrodo
Es un elemento metálico diseñado para hacer contacto con otro elemento no metálico, pero conductor (por ejemplo, un electrolito).

Ánodo
Electrodo conectado al polo positivo de una fuente de alimentación.

Cátodo
Electrodo conectado al polo negativo de una fuente de alimentación.

Por su implantación a nivel comercial, tienen también cierta importancia los acumuladores de **Níquel-Cadmio** que, entre otras ventajas respecto a las de plomo ácido, presentan la posibilidad de ser utilizadas sin necesidad de elemento regulador, permanecer largo tiempo con bajo nivel de carga, estabilidad en la tensión que suministra y un mantenimiento mucho más espaciado en el tiempo. Sin embargo, su coste se cuadruplica, y su baja capacidad a régimen de descarga lenta desaconseja su uso en la mayoría de las aplicaciones fotovoltaicas.

Todas estas baterías pueden presentarse en forma estanca, conocidas como libres de mantenimiento o sin mantenimiento, lo que es beneficioso para algunas aplicaciones. No obstante, presentan una duración muy limitada frente a los acumuladores abiertos, no existen en el mercado acumuladores estancos de alta capacidad y son más caros que los abiertos.

Las baterías de **litio** se están comenzando a implementar en aplicaciones solares, por lo que su uso apenas está extendido.

Batería de litio (© Fotografía: Claus Ableiter Vía Web - CC BY-SA 4.0)

En estudios recientes, se está comprobando que las baterías de litio tienen ciertas características más favorables que, por ejemplo, las de Plomo–Ácido.

Actualmente los fabricantes se están centrando en el desarrollo y comercialización de las baterías de fosfato de hierro y litio (LiFePO$_4$ o LFP), un tipo de batería de ion de litio (Li-ion), ya que las de este tipo son más seguras y estables.

De acuerdo al mantenimiento que requieren, existen tres tipos de baterías: con mantenimiento, bajo mantenimiento y sin mantenimiento. En las primeras, es necesario revisar el nivel de electrolito periódicamente, por lo que se deben retirar los tapones de la batería y comprobar que el líquido se encuentre en las marcas de referencia que aparecen el la pared de la batería. Si no se encontrara en el nivel adecuado, se tendría que aumentar agua destilada hasta llegar al nivel deseado. Las baterías de bajo mantenimiento necesitan menos revisiones periódicas pero, en caso que se necesite, debe reponerse el nivel de electrolito de la misma forma. Las baterías sin mantenimiento vienen selladas de fábrica, por lo que no requieren ninguna intervención.

4.2. Partes constitutivas de un acumulador

Una batería está compuesta por uno o varios elementos electroquímicos, capaces de transformar una energía potencial química en energía eléctrica. Cuando las reacciones químicas son irreversibles, el dispositivo solo puede usarse una vez (pilas), mientras que, si son reversibles (baterías o acumuladores), el elemento puede ser recargado eléctricamente.

La batería básica se compone principalmente de dos electrodos sumergidos en un electrolito, que es donde se producen las reacciones de carga y descarga, como se aprecia en la siguiente imagen:

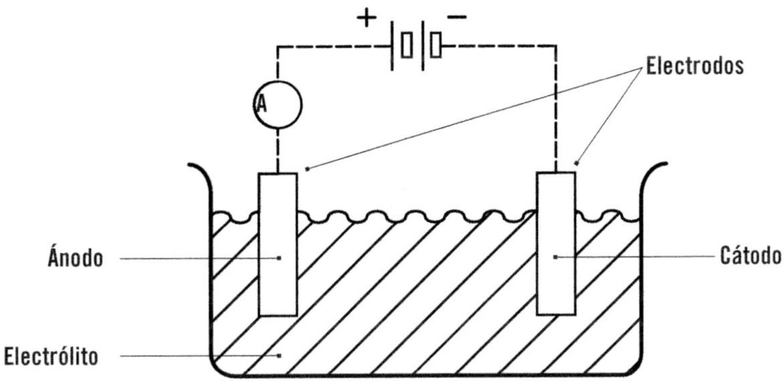

Además de los electrodos y el electrolito, las baterías presentan algunos elementos adicionales que cumplen funciones diferentes:

- **Electrodo positivo:** placa positiva constituida por óxido de plomo (PbO_2).
- **Electrodo negativo:** placa negativa formada por plomo esponjoso.
- **Separadores:** tienen la misión de separar las placas o electrodos, para evitar el contacto eléctrico.
- **Electrolito:** está formado por ácido sulfúrico diluido en agua.
- **Carcasa:** destinada a contener todos los elementos.
- **Terminales de conexión:** permiten que los electrodos se conecten a la carga.

Batería de plomo-ácido

1. Tapas de salida
2. Borne positivo
3. Borne negativo
4. Disolución electrolítica (ácido sulfurico diluido)
5. Carcasa
6. Separador de las células
7. Electrodo negativo (plomo)
8. Electrodo positivo (dióxido de plomo)
9. Conector de las células

Las placas se alternan en la batería con separadores, que están construidos con un material poroso que permite el flujo del electrolito y son eléctricamente no conductores (silicona, plástico, gomas, etc.).

El grupo de placas positivas (conectadas al terminal positivo de la batería) y negativas (conectadas al terminal negativo) con separadores, constituyen la batería.

4.3. Reacciones químicas en los acumuladores (plomo-ácido, níquel-cadmio, etc.)

El proceso de carga y descarga de una batería se produce según ciertas reacciones químicas que suceden en su interior, concretamente en el electrolito. A continuación, se describen brevemente cómo son estas reacciones según el tipo de acumulador del que se trate.

Reacciones del acumulador plomo-ácido

Las placas positiva y negativa de estos acumuladores están constituidas con pasta de plomo. La cantidad de esta pasta determina la capacidad de la batería, así como la profundidad de descarga a la que puede ser sometida. Estas placas están inmersas en una solución de ácido sulfúrico (electrolito), y son sometidas a una carga de "formación" por parte del fabricante. Durante el proceso de carga, la pasta sobre la rejilla de las placas positivas (ánodo) se transforma en óxido de plomo (PbO_2), y la pasta de las placas negativas se transforma en plomo esponjoso. Ambos materiales son altamente porosos, permitiendo que la solución de ácido sulfúrico penetre libremente en las placas.

En la descarga, se forma sulfato de plomo en los dos electrodos, el ácido sulfúrico necesario para la formación de esta sal se toma del electrolito:

- El electrodo de plomo $(Pb)^{2+}$ reacciona con el ión sulfato $(SO_4)^{2-}$, creando un depósito de sulfato de plomo $PbSO_4$. Esta reacción química se lleva a cabo con la cesión de dos iones positivos, lo que da al electrodo su polaridad negativa (cátodo).
- Los iones de $(SO_4)^{2-}$ reaccionan con el dióxido de plomo (PbO_2) del otro electrodo, formando sulfato de plomo ($PbSO_4$). Esta reacción química se lleva acabo con la cesión de dos electrones, lo que da a este electrodo su polaridad positiva (ánodo).
- Los iones de hidrógeno del agua se combinan con el del oxígeno del PbO_2, formando nuevas moléculas de agua (H_2O). Como en el caso de los semiconductores, se puede observar la creación de cargas libres de polaridad opuestas.

Cada vez que se descarga la batería, esta pasta (al irse descomponiendo) pierde volumen. Por este motivo, si la batería se va a someter a descargas profundas, las placas deben ser gruesas y construidas con pasta de plomo de alta densidad. Esto último puede paliarse, en parte, utilizando más cantidad de electrolito y teniendo cuidado de que no exista evaporación de agua, que provocaría concentraciones mayores de ácido que podrían dañar la batería.

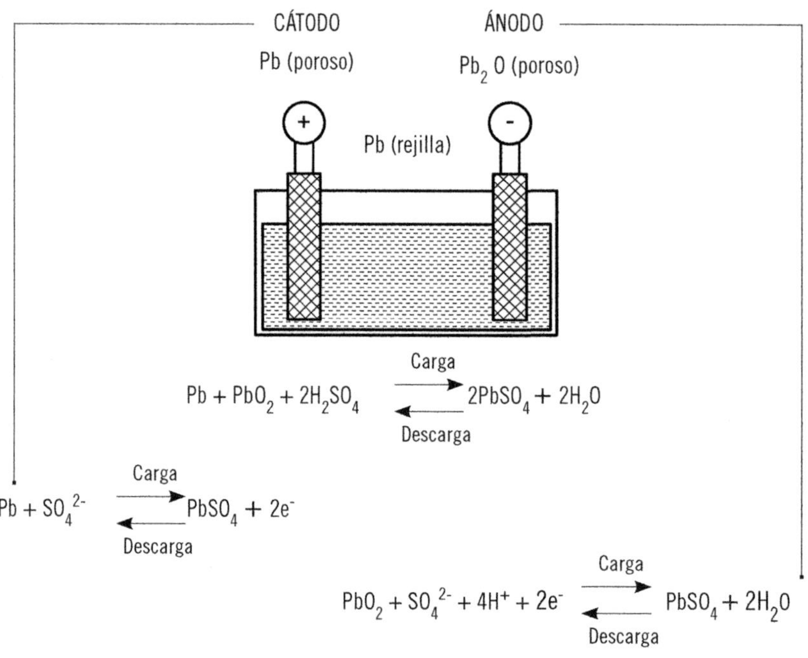

Reacciones químicas del acumulador plomo-ácido

Definición

Iones

Un ión es un elemento que ha ganado o perdido electrones respecto a su estado neutro. Por ejemplo, el átomo neutro de Pb tiene 82 electrones (según la tabla periódica de los elementos), mientras que el ión $(Pb)^{2+}$ tiene 80 electrones ($82 - 2 = 80$), ya que su carga positiva aumenta en 2 ($+2$) o, lo que es lo mismo, pierde 2 electrones.

Reacciones del acumulador níquel-cadmio

Las baterías de níquel-cadmio (Ni-Cd) tienen una estructura física similar a las de plomo-ácido. Las placas son de acero inoxidable con depresiones, donde se coloca el material activo y, en lugar de plomo, se utiliza hidróxido de níquel para las placas positivas y óxido de cadmio para las negativas. El electrolito es hidróxido de potasio, que forma parte del proceso químico como conductor y que suele ser una disolución acuosa al 20 %. Se requiere una fina capa de aceite en la superficie superior, para evitar su oxidación por el oxígeno del ambiente.

Durante la descarga, el oxígeno pasa de la placa positiva a la negativa, dando lugar a óxido de cadmio. Es durante la carga cuando el oxígeno vuelve a pasar de la placa negativa a la positiva, como se puede ver a continuación:

$$2\,NiO\,(OH) + Cd + 2\,H_2O \xrightarrow{\text{DESCARGA}} 2\,NiO\,(OH)_2 + Cd\,(OH)_2$$

$$2\,NiO\,(OH)_2 + Cd\,(OH)_2 \xrightarrow{\text{CARGA}} 2\,NiO\,(OH) + Cd + 2\,H_2O$$

El electrolito juega un papel de mero conductor, motivo por el que apenas sufre (lo contrario que en las baterías de plomo).

4.4. Otros acumuladores. Níquel–Zinc y LFP

Las baterías de **Níquel-Zinc** son técnicamente similares a la de Níquel–Metal hidruro. Ambas utilizan un electrolito alcalino y un electrodo de Zinc, aunque con significativas diferencias respecto al voltaje. Cada célula de NiZn entrega más de 0,4 V respecto a las de Níquel–Metal hidruro, tanto en circuito abierto como bajo carga:

Níquel–Zinc

$$H_2O + Zn + 2NiOOH = ZnO + 2Ni(OH)_2$$

$$E = 1,74 \; V$$

Níquel–Metal hidruro

$$MH + NiOOH = M + Ni(OH)_2$$

$$E = 1,3 \; V$$

❓ Sabía que...

En estudios recientes se está comprobando que las baterías de litio tienen unas características más favorables.

En la batería **ión-litio LiFePO$_4$** el aspecto más novedoso respecto al acumulador convencional de $LiCoO_2$ es el material activo del electrodo: el cátodo es de $LiFePO_4$ (LFP).

El $LiFePO_4$ se puede describir como un empaquetamiento hexagonal compacto de aniones de O_{2-}, en la cual el Li^+ y el Fe^{2+} ocupan posiciones octaédricas y el P^{5+} posiciones tetraédricas. Los iones son extraídos/insertados según la siguiente reacción electroquímica:

$$LiFe_2 + PO_4 \leftrightarrow Fe^{3+} + PO_4 + Li^+ + e$$

4.5. Carga de acumuladores (caracterización de la carga y de la descarga)

Durante el proceso de carga, la tensión de la batería aumenta de forma lineal hasta el momento que comienza una leve gasificación (descomposición del agua en hidrógeno y oxígeno). A partir de este momento, la tensión comienza a aumentar más rápidamente, hasta alcanzar el valor denominado como **tensión límite de carga.** Cuanto mayor sea la corriente de carga y, por tanto, la rapidez de carga, mayor es la tensión final (cuando está totalmente cargada) que alcanza la batería.

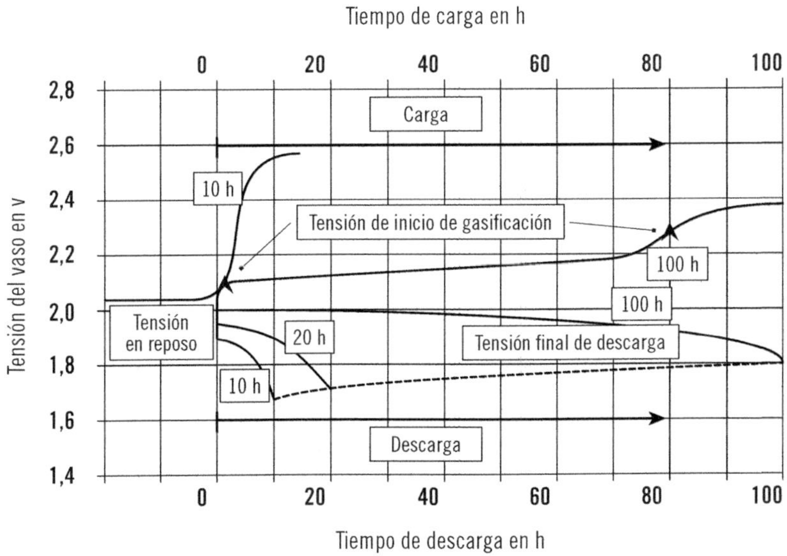

La temperatura es otra variable que influye en la tensión de la batería. Para temperaturas mayores, esta disminuye; mientras que para temperaturas menores, aumenta. Además, este valor límite está influenciado por la edad de la batería: una batería vieja tiene una tensión límite diferente de una idéntica, pero nueva (los reguladores tienen que tener esto en cuenta).

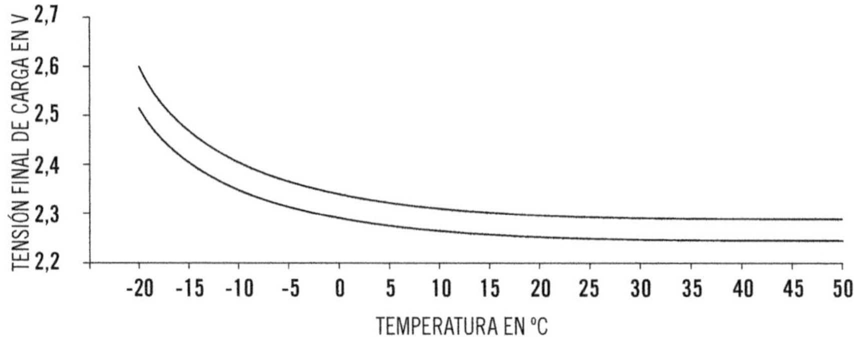

La gasificación del electrolito en la carga es mayor cuanto más elevada sea la tensión límite a la que permita la carga. Aunque una excesiva gasificación no sea recomendable, debido a una evaporación del electrolito y a una posible corrosión, sí que es conveniente que, de vez en cuando, se produzca la gasificación, ya que evita el efecto de la estratificación del electrolito (se homogeniza la densidad del electrolito, por lo que aumenta la duración y capacidad de la batería).

En el proceso de descarga, la tensión disminuye de forma brusca debido a la resistencia interna de la propia batería y, posteriormente, la tensión disminuye poco a poco hasta llegar al valor de tensión límite de descarga. En el caso en que, llegado a este punto, la batería siga descargándose (descarga profunda), la densidad del electrolito disminuye considerablemente y tiene lugar el proceso conocido como sulfatación (formación de cristales en los electrodos). Por este motivo, se debe evitar la descarga profunda.

4.6. Fases de carga de una instalación de acumuladores

Los acumuladores son elementos fundamentales en las instalaciones fotovoltaicas aisladas, ya que en ellos se va a almacenar energía eléctrica, la cual servirá para alimentar la vivienda en ausencia de radiación solar. En este apartado se van a estudiar diversas nociones básicas relacionadas con la instalación y puesta en funcionamiento de estos elementos, así como los ciclos de carga y descarga que suceden durante su funcionamiento.

Instalación del acumulador

El acumulador es la unión en serie o en paralelo de varias baterías o vasos independientes conectados, de manera que se obtenga el voltaje necesario y la suficiente capacidad de almacenamiento de energía. Por tanto, cuando se habla de baterías, se hace referencia a los vasos o baterías compactas que forman parte del acumulador.

A continuación, se citan algunos consejos importantes a tener en cuenta en la instalación de un acumulador:

- Mantener estable y dentro de unos valores medios la **temperatura del electrolito** es fundamental, por lo que, a la hora de instalar un acumulador fotovoltaico, debe elegirse un lugar aislado del frío en invierno y no expuesto a la irradiación directa del sol en verano. Este lugar debe ser un local o armario cerrado, con una temperatura estable (a ser posible, entre 20 y 25 °C) y con un nivel de humedad bajo.
- El local o armario de ubicación de las baterías puede situarse en cualquier lugar que se considere adecuado, pero debe estar diseñado para garantizar un acceso limitado y controlado de personas a las baterías.
- Se deben diseñar las entradas y salidas de aire y el acceso al recinto del acumulador de manera que impidan la entrada de pequeños animales o insectos.
- Cuando los acumuladores sean de plomo-ácido con electrolito líquido, la sala del acumulador debe disponer de una ventilación adecuada (natural o forzada) para la evacuación de gases de las baterías.
- En la sala del acumulador no deben existir elementos que puedan producir chispas, ya que pueden provocar una explosión de los gases que emanen de las baterías. Además, debe tener algún sistema contra incendios adecuado al tamaño de la instalación y a las características del fuego que pueda originarse.
- Las baterías situadas en el interior del armario o salas de baterías, deben estar colocadas sobre estanterías, bien niveladas horizontalmente, y deben ser de hormigón, madera, metálicas, o contenedores especiales protegidos contra la corrosión, la humedad y el ácido.

- El suelo de la sala de baterías debe ser impermeable, resistente a los ácidos y tener una pendiente que permita la eliminación del agua de limpieza y los posibles derrames de ácido. Además, se debe proceder a una limpieza habitual del local y eliminación (mediante aspiración) del polvo de los vasos de la batería, cuidando de no succionar el electrolito.

Acumuladores

- Las baterías deben estar situadas de forma ordenada y dispuestas de forma que se permita su mantenimiento, prestando especial atención a su separación y a la disposición de los bornes, para facilitar la colocación de los sistemas de conexionado, especialmente los rígidos. Para lo cual, la colocación y distribución de las baterías deben estar indicadas en un plano detallado de distribución en planta.

Puesta en funcionamiento del acumulador

Para la puesta en marcha del acumulador, se deben establecer los niveles de electrolito indicados por el fabricante y seguir el procedimiento adecuado para ello, que siempre debe venir claramente especificado en la información técnica. Normalmente, el procedimiento consiste en ir añadiendo ácido a una cantidad de agua desmineraliza o destilada, hasta alcanzar una concentración adecuada de ácido.

La medida de la concentración de ácido se suele realizar con un dispositivo denominado **densímetro,** cuyo procedimiento de uso es muy sencillo. Normalmente, los densímetros los suministra el mismo fabricante de las baterías.

Ciclos de carga-descarga

El acumulador (o acumuladores) de una instalación fotovoltaica está sometido a una serie de ciclos de trabajo. Cada ciclo comprende la descarga del acumulador, bajo un determinado régimen, seguido de la subsiguiente recarga. El acumulador debe estar diseñado para soportar el máximo número posible de ciclos de carga-descarga.

Durante el día, los paneles generan energía que se emplea en satisfacer los consumos, y la energía sobrante es absorbida por la batería (procesos de carga). Durante la noche, cuando el consumo es precisamente más elevado, la energía se extrae exclusivamente de la batería (proceso de descarga). Se completa así un ciclo diario de carga-descarga, que se va repitiendo si las condiciones de iluminación son favorables. Sin embargo, si se produce un periodo de tiempo nublado, casi todo el consumo se hace a expensas de la energía acumulada en la batería, sin que esta pueda recargarse. Al pasar al periodo favorable, los paneles irán recargando la batería, pero hasta llegar a la capacidad plena tardarán varios días, ya que, al existir consumo, solo una parte de la energía que producen los paneles será almacenada. De esta forma, se completa un ciclo autónomo de la batería (la demanda energética se satisface únicamente con la capacidad útil de la batería).

Principales métodos de carga

La vida útil de una batería y sus prestaciones dependen directamente de los procesos de carga a los que es sometida. Por esta razón, hay que seguir en cada caso las recomendaciones que facilita el fabricante.

Los principales métodos de carga que existen son los siguientes:

Tensión constante

El método de carga a tensión constante es el más usado para cargar baterías de plomo-ácido. Consiste en aplicar una tensión constante de 2,3, 2,4 o 2,5 V/elemento, limitando la corriente inicial de carga a 0,1 C o 0,2 C amperios, siendo C la capacidad de la batería en amperios-hora. El tiempo de carga va de 40 h a 10 h y la tensión debe regularse según la temperatura ambiente: si la temperatura es alta, la tensión de carga debe ser baja, y viceversa.

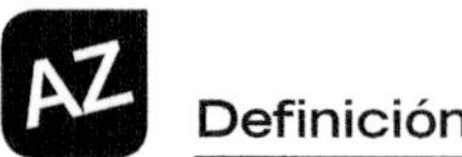

Definición

Capacidad

La capacidad mide la cantidad de energía eléctrica que puede suministrar el acumulador antes de agotarse. Esta magnitud depende de los elementos y dimensiones del acumulador. Se mide en amperios-hora (Ah).

Algunos fabricantes admiten la utilización de este método sin limitación de corriente, pues sus baterías están dimensionadas para fuertes corrientes. En este caso, si se inicia el proceso con 2,3 V/elemento, la corriente inicial, después de una descarga profunda, será de 3 C amperios y de un 0,5 C durante un periodo largo.

Corriente constante

El método de carga a corriente constante es recomendado por algunos fabricantes para las baterías de níquel-cadmio, limitando la corriente entre 0,25 C y 0,05 C amperios.

La carga a corriente constante se utiliza como carga de igualación en baterías plomo-ácido, para corregir diferencias de capacidad entre las baterías de un mismo grupo. Para evitar una sobrecarga que destruya la batería, es necesario terminar cuando la batería alcance su máxima capacidad.

Corriente descendente

Es el sistema de carga más económico y es utilizado por algunos fabricantes para sus baterías níquel-cadmio. Consiste en una carga sin regulación, limitada por una resistencia serie que, en algunos casos, es la propia resistencia del devanado del transformador de alimentación. A medida que la batería se va cargando, la corriente de carga va descendiendo gradualmente. Es un método antiguo y muy peligroso, porque la tensión y corriente de carga dependen de las fluctuaciones de la corriente de la red, con lo que existe riesgo implícito de sobrecarga.

Dos niveles de tensión constante

Es el método recomendado para cargar una batería de plomo-ácido hermética en un periodo corto de tiempo, y mantener la batería en plena carga en situación de flotación. Inicialmente, se carga a un nivel alto de tensión (2,45 V/elemento), limitando la corriente. A partir de que esta disminuya por debajo de un nivel, se pasa a tensión constante permanente o de flotación. Este método es el más eficiente, pues minimiza el tiempo de carga y la batería queda protegida de sobrecargas.

Después de una descarga profunda, es necesario un tiempo de carga más largo de lo normal. Inicialmente, la corriente que admite la batería es baja, ya que la resistencia interna tiene un valor elevado y no adquiere su valor normal hasta pasados unos 30 min. Por este motivo, es necesario inhibir el control durante este periodo de tiempo, pues el cargador podría suponer que la batería está cargada y dejarla en flotación.

4.7. Seguridad y recomendaciones generales de los acumuladores

Como se ha comentado antes, las baterías más utilizadas en las instalaciones solares fotovoltaicas son las de plomo ácido. Es fundamental tener presente los riesgos y medidas de seguridad que hay que tener en cuenta en la instalación, manipulación y uso de estos elementos, ya que en caso de no tenerlas en cuenta es más probable que se produzcan accidentes que pueden afectar gravemente a la integridad de los usuarios y a la de la propia instalación.

Desde el punto de vista de la seguridad, las baterías de plomo ácido presentan dos características importantes:

- Contienen ácido sulfúrico diluido, lo cual puede producir serias quemaduras ácidas.
- Durante la carga, emiten hidrógeno y oxígeno gaseosos, lo cual, en determinadas circunstancias, pueden dar lugar a una mezcla explosiva.

Por estas razones, las baterías de plomo ácido suelen estar marcadas con la siguiente señalización:

Donde:

1. No fumar ni exponer a llamas o chispas.
2. Utilícense gafas de seguridad.
3. Manténgase fuera del alcance de los niños.
4. Ácido sulfúrico.
5. Obsérvense las normas de utilización.
6. Mezcla explosiva de gases.

 **Importante**

En caso necesario, la batería debe limpiarse con un trapo húmedo, nunca con uno seco.

En el caso en el que la batería se rompiera y se produjera un contacto directo con sus componentes, habría que tener en cuenta lo siguiente:

- Contacto con el ácido sulfúrico:

  - Tras tomar contacto con la piel enjuagar con agua, retirar y lavar las ropas mojadas.
  - Tras la inhalación de vapores ácidos, se debe respirar aire fresco y solicitar asistencia médica de manera inmediata.
  - Tras el contacto con los ojos, hay que lavarse con agua corriente durante varios minutos y solicitar asistencia médica de manera inmediata.
  - Tras la ingestión, se debe beber inmediatamente agua abundante e ingerir carbón activo; no hay que provocar vómito. Hay que solicitar asistencia médica de manera inmediata.

- Contacto con el plomo:

  - Tras contacto con la piel hay que lavar con agua y jabón.
  - Tras la inhalación de compuestos, hay que inhalar aire fresco. Se debe solicitar asistencia médica inmediata.
  - Tras el contacto con los ojos, hay que lavarse con agua corriente durante varios minutos y solicitar asistencia médica de manera inmediata.
  - Tras ingestión beber agua abundante y solicitar asistencia médica inmediata.

4.8. Aspectos medioambientales (reciclaje de baterías)

Las baterías que han agotado su vida útil deben ser adecuadamente recicladas. Materiales como el plomo y el ácido sulfúrico son altamente contaminantes aunque, al mismo tiempo, constituyen la base de una industria de reciclaje no ferrosa. El plomo se recicla para la construcción de nuevas baterías, el contenedor de polietileno se tritura y funde para formar gránulos de plástico que pueden servir de materia prima. El ácido puede servir para formar parte de nuevos electrolitos o se puede tratar químicamente y servir como fertilizante.

5. Reguladores

Para el correcto funcionamiento de una instalación fotovoltaica, se debe disponer de un sistema de regulación de carga entre el generador fotovoltaico y la batería. Este sistema siempre es necesario, salvo en el caso de los paneles autorregulados.

5.1. Reguladores de carga y su función

El regulador tiene como función principal evitar que la batería continúe recibiendo energía del generador solar una vez que se ha cargado completamente. Si, una vez que se ha alcanzado la máxima carga, se le intenta suministrar más energía, se inician (en la batería) procesos de gasificación o de calentamiento, que pueden llegar a ser peligrosos y, en cualquier caso, originaría un descenso de la vida de la misma.

Otra función del regulador es la prevención de la sobredescarga, con el fin de evitar que se agote en exceso la carga de la batería, siendo este un fenómeno que puede provocar una ligera disminución en la capacidad de carga de la batería en sucesivos ciclos.

Algunos reguladores incorporan una alarma sonora o luminosa previa a la desconexión, para informar al usuario y permitirle, por ejemplo, tomar las medidas adecuadas (como reducción del consumo u otras).

Los reguladores más modernos integran funciones como:

- Prevención de la sobrecarga y las sobredescargas en un mismo equipo.
- Información del estado (carga de la batería y la tensión existente en la misma).

Reguladores de carga

Los reguladores más utilizados son los reguladores solares PWM *(Pulse Width Modulation)* y MPPT *(Maximum Power Point Tracking)* para controlar la carga de las baterías y optimizar la eficiencia del sistema. **Los reguladores solares PWM** controlan la carga de las baterías mediante la modulación del ancho de pulso de la corriente que fluye desde los paneles solares a las baterías. Regulan la tensión de salida de los paneles solares para mantenerla en un nivel adecuado para cargar las baterías. Son más simples y adecuados para sistemas de pequeña y mediana escala. No maximizan la eficiencia del sistema, pero son efectivos para mantener la carga de la batería. **Los reguladores solares MPPT** rastrean continuamente el punto de máxima potencia (MPP) del panel solar y ajustan la tensión de entrada para garantizar que la máxima potencia se transfiera a las baterías. Tienen una mayor eficiencia energética que los reguladores PWM, especialmente en condiciones de baja luminosidad o temperatura. Optimizan el rendimiento del sistema al extraer la máxima energía disponible del panel solar. Son más caros que los reguladores PWM, pero proporcionan un retorno de inversión superior en sistemas de mayor escala o donde la eficiencia es crítica.

5.2. Tipos de reguladores

Existen dos tipos fundamentales de reguladores de carga: los lineales y los conmutados.

Reguladores lineales

Dependiendo de cómo se instala el elemento activo de regulación, los reguladores lineales se clasifican en **reguladores en serie y reguladores en paralelo.** En ambos casos, el elemento regulador (constituido por transistores MOS o MOSFET) se comporta como una resistencia variable, en la que se disipa la energía sobrante que produce el panel.

Los reguladores lineales suelen utilizarse en aplicaciones de pequeña señal.

Reguladores en serie

Los reguladores en serie realizan la función de desconectar el panel de la batería cuando se logre el estado de plena carga. Es equivalente a un interruptor conectado en serie con la batería y el generador o panel que se abre cuando la batería esté plenamente cargada.

Como elemento regulador se emplea un dispositivo semiconductor (normalmente, transistores de potencia bipolares), capaz de conducir la corriente deseada en la carga y soportar la tensión entre su entrada y salida.

Regulador en serie

Este elemento es gobernado por un circuito de control que, comparando constantemente la tensión de la batería con un valor de referencia, entrega al regulador una señal que le indicará si debe dejar pasar o no la corriente.

En resumen, este tipo de reguladores no disipan energía, simplemente interrumpen la línea campo fotovoltaico – baterías. Por esta razón, suelen utilizarse en instalaciones de mayor potencia que los de **shunt** (ver a continuación).

AZ Definición

Transistores

Los transistores son dispositivos de tres terminales, que actúan básicamente como interruptores (dos estados: abierto, cerrado). Uno de los terminales tiene funciones de control y, dependiendo del signo de la señal (tensión o intensidad) introducida por este terminal, el transistor dejará (estado ON, abierto) o no (estado OFF, cerrado) pasar la corriente.

Reguladores en paralelo o shunt

Los reguladores tipo paralelo, colocados en paralelo con el grupo solar y el sistema de baterías, detectan la tensión en bornes de la batería y, cuando el potencial alcanza un valor preestablecido de antemano, crean una vía de baja resistencia para el grupo solar, derivando con ello la corriente y apartándola de las baterías. Un diodo en serie, interpuesto entre el regulador y la batería, impide que la corriente de esta retorne a través del regulador al sistema generador fotovoltaico.

Los reguladores de tipo paralelo han de disipar toda la corriente de salida del panel cuando el sistema de baterías alcanza el estado de plena carga. Esto resulta una tarea razonable cuando los sistemas eléctricos solares son pequeños pero, con los grandes sistemas, se requieren disipadores de grandes dimensiones o disipadores menos múltiples, lo que conduce a problemas de fiabilidad y de costo elevado.

Regulador en paralelo o Shunt

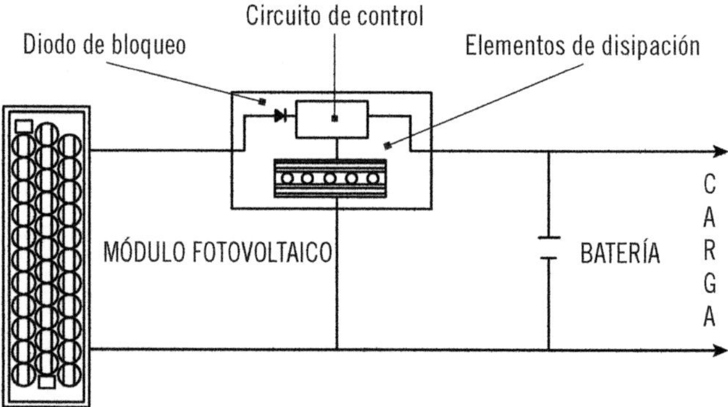

Definición

Diodo
El diodo es un dispositivo de dos terminales que permite circular la corriente en un solo sentido (polarización directa), comportándose como un circuito abierto en caso contrario (polarización inversa).

Este tipo de reguladores están en desuso hoy en día, ya que el avance en los microprocesadores y la electrónica en general ha facilitado el diseño de equipos más compactos y con más prestaciones que los que ofrecían aquellos, con un coste mucho más reducido y la posibilidad de alojarlos en cajas estancas, cosa que no se podía hacer en los reguladores shunt, puesto que disipan gran cantidad de calor (dificulta su evacuación).

En definitiva, estos reguladores suelen utilizarse en instalaciones de poca potencia, controlando la energía cortocircuitando el campo fotovoltaico y disipando la energía en forma de calor.

Reguladores conmutados

Los reguladores conmutados actúan desconectando la batería del generador mediante un interruptor (relé electromagnético o transistor) conectado en serie con el panel.

La particularidad de estos dispositivos se refiere a la capacidad de control del valor de la tensión a la salida, para que sea más adecuado a la carga de la batería.

5.3. Variación de las tensiones de regulación

La pieza clave del sistema regulador es asegurar una tensión **constante sin variaciones** en sus salidas, asegurando el correcto funcionamiento de todos los receptores que se conecten al sistema.

Respecto a las características eléctricas, se pueden destacar:

- **Tensión de funcionamiento:** es la tensión a la que debe estar conectado el sistema generador (paneles), normalmente 12 o 24 V.
- **Intensidad de carga:** se corresponde con la máxima intensidad que puede entregar el sistema generador en servicio permanente.
- **Intensidad de descarga:** es la máxima intensidad que puede entregar el regulador de manera permanente. Debe corresponderse con la del sistema de acumulación, de esta manera se evitarán sobrecargas en las mismas.

5.4. Sistemas sin regulador

Existen sistemas en los que no se instalan reguladores. Serían los siguientes:

- **Sistemas directos aislados de red.** Estas instalaciones constan únicamente del generador fotovoltaico junto con el inversor. En estas instalaciones, lo que se genera en cada momento es lo que llega al consumo (alterna). Estos sistemas son utilizados cuando no importa que existan interrupciones en la generación de energía. Al no almacenar energía, estos sistemas también carecen de baterías.
- **Sistemas conectados a red.** En estos sistemas, toda la energía que se genera es vertida a la red, por lo que carecen de dispositivos de acumulación y regulación.

 **Ejemplo**

Los sistemas con cargas pequeñas, predecibles y continuas, pueden diseñarse para funcionar sin necesidad de regulador. Si el sistema lleva un acumulador sobredimensionado y el régimen de descarga nunca va a superar la profundidad de descarga crítica de la batería, se puede prescindir del regulador.

5.5. Protección de los reguladores

Los reguladores actuales suelen integrar las funciones de protección contra la sobrecarga y las sobredescargas en un mismo equipo, que además proporciona información del estado de carga en la batería, la tensión existente en la misma, además de ir provistos de sistemas de protección, tales como fusibles, diodos, etc., y así prevenir daños en los equipos, debidos a excesivas cargas puntuales.

Estos reguladores pueden incorporar sistemas que sustituyan a los diodos, encargados de impedir el flujo de electricidad de la batería al generador (paneles) en la oscuridad, con un costo energético mucho menor.

6. Inversores

En muchas aplicaciones que funcionan con corriente continua, las tensiones proporcionadas por el acumulador no coinciden con las solicitadas por los elementos de consumo. En estos casos, la mejor solución consiste en la utilización de un convertidor de tensión continua – continua (CC/CC).

En otras aplicaciones, el consumo incluye elementos que funcionan con corriente alterna. Puesto que, tanto los paneles fotovoltaicos como las baterías proporcionan corriente continua, se hace necesaria la presencia de un inversor que transforme la corriente continua generada en alterna.

6.1. Funcionamiento y características técnicas de los inversores fotovoltaicos

Los inversores, convertidores y rectificadores son sistemas de potencia capaces de adaptar la corriente generada en los módulos a las diferentes condiciones de consumo eléctrico. La denominación de cada uno de estos sistemas dependerá del tipo de corriente que transforme. Así, se denomina **inversor** al elemento que transforma la CC en CA; rectificador, al que transforma la CA en CC; y **convertidor,** el que modifica un valor de CC en otro diferente también en CC.

Nota

Los **convertidores electrónicos de potencia** se basan en el uso de componentes tales como diodos, tiristores (similares a los diodos pero con un terminal de control), etc., con el fin de realizar la conversión de una señal de entrada a otra de salida. Dependiendo del tipo de conversión que efectúen, se denominan de una u otra forma.

Los módulos fotovoltaicos y las baterías trabajan en CC, por eso, cuando los elementos de consumo trabajan en continua, es necesario un convertidor CC – CC para adaptar la tensión que proporciona el acumulador a la solicitada por las cargas de consumo. En cambio, cuando los elementos trabajan en alterna, es necesario un inversor CC – CA.

Inversores fotovoltaicos

Los parámetros que caracterizan a un inversor son:

- **Tensión nominal:** es la tensión a aplicar entre los bornes de entrada del inversor, y debe asegurar una correcta operación en todo margen de tensiones de entrada permitidas por el sistema.
- **Potencia nominal:** es la potencia que el inversor puede suministrar de forma continua. Suele oscilar entre 100 y 5.000 W. Es muy importante

tener en cuenta que la potencia que produzca el inversor debe ser capaz de arrancar y operar todas las cargas de la instalación.

- **Capacidad de sobrecarga:** es la capacidad del inversor para suministrar una potencia que sea superior a la nominal y el tiempo que esta se pueda mantener.

- **Eficiencia:** es la relación que existe entre la potencia que el regulador entrega la carga y la que consume del generador o de las baterías.

- **Forma de onda:** es la forma onda de la señal que el inversor suministra a su salida. El inversor perfecto es el de onda senoidal, pero también es el de mayor coste. Para determinadas aplicaciones, puede ser necesario uno de onda cuadrada (iluminación y pequeños motores).

6.2. Topologías

Una posible clasificación de los inversores corresponde a la topología de sus circuitos de potencia.

Recuerde

Los dispositivos electrónicos reales suelen conducir la corriente solo en una dirección. Es muy habitual encontrarse con corrientes negativas [sobre todo cuando hay cargas resistivas e inductivas (RL)], por lo que se disponen diodos en paralelo con los interruptores, para garantizar el sentido único de la corriente.

Topologías monofásicas

Los inversores monofásicos son aquellos que entregan corriente alterna de tipo monofásico (una fase).

Medio puente (Half Bridge)

Los condensadores tienen el mismo valor, y la tensión máxima que deben soportar los interruptores de potencia es la de la entrada (V_{cc}), más las sobretensiones que originen los circuitos. La tensión máxima en la carga es la mitad de la fuente. La topología es adecuada cuando se tienen baterías de tensión elevada, donde se conectan cargas que demanden potencias medias. Cuando se cierra el interruptor S_1, la tensión en la carga es $-V_{cc}/2$, y cuando se cierra el interruptor S_2, la tensión es $V_{cc}/2$.

Inversor monofásico de medio puente

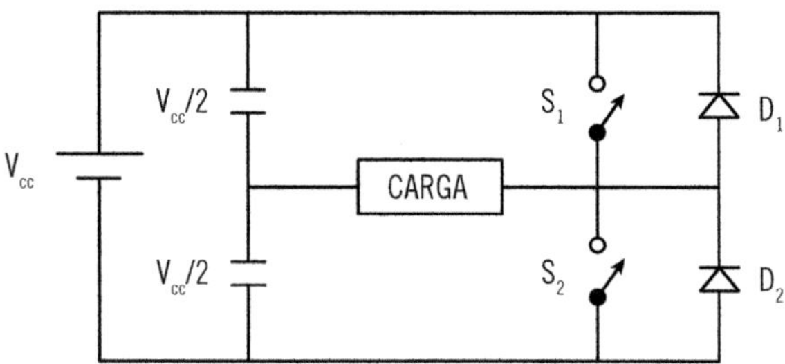

Puente completo (Full Bridge)

Los condensadores son sustituidos por interruptores, y la tensión máxima que deben soportar estos será la de la fuente más las sobretensiones que produzcan los circuitos. La tensión máxima en la carga será la de la fuente, lo que permitirá trabajar con corrientes inferiores para las mismas potencias. La topología es adecuada cuando se tengan baterías de tensión elevada conectadas a cargas que demanden potencias elevadas. Cuando se cierran los interruptores S_1 y S_4, la tensión en la carga será V_{cc}, y cuando se cierran los interruptores S_2 y S_3, la tensión es $-Vcc$.

Inversor monofásico de puente completo

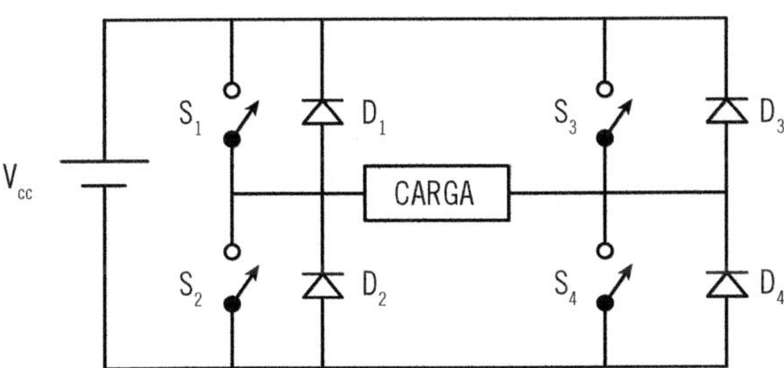

Push-Pull

Incluye un transformador de toma intermedia (que equivale a dos devanados en el primario). Este tipo de transformadores empeora en gran medida el rendimiento de los circuitos, por lo que no es aconsejable el uso de esta topología para potencias elevadas (>10 kW).

 **Definición**

Transformadores
Los transformadores son máquinas eléctricas estáticas capaces de transformar un valor de tensión de entrada (primario) en otro superior o inferior (secundario).

En este caso, la tensión a soportar por los interruptores de potencia será dos veces la de la fuente de alimentación (o entrada), más las sobretensiones que originen los circuitos, que serán mayores debido a la inductancia de dispersión del transformador.

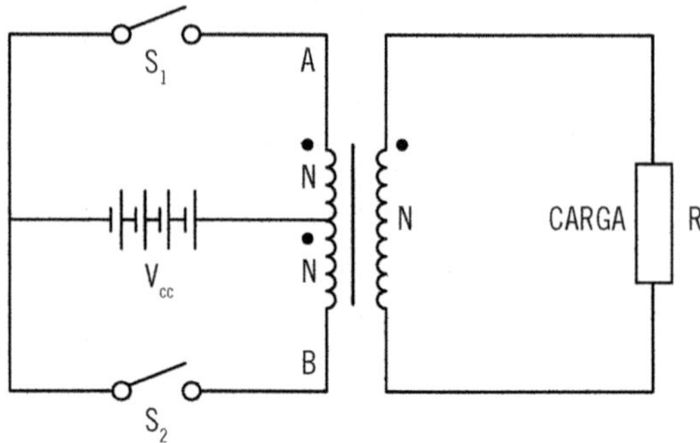

Topologías trifásicas

Los inversores trifásicos entregan corriente alterna de tipo trifásico (tres fases).

Puente trifásico de tres ramas

La aplicación principal de este circuito de potencia es el control de la velocidad de los motores de inducción (o asíncronos), donde se varía la frecuencia de salida. Cada interruptor tiene un ciclo de trabajo del 50 % y el desfase entre la apertura del interruptor de una fase y la siguiente es de T/6 (60°). Los interruptores S_1 y S_4 se abren y cierran de forma complementaria o conjunta, al igual que S_2-S_5 y S_3-S_6. Los momentos de apertura y cierre de los interruptores deben estar coordinados, para evitar que se produzcan cortocircuitos en la fuente.

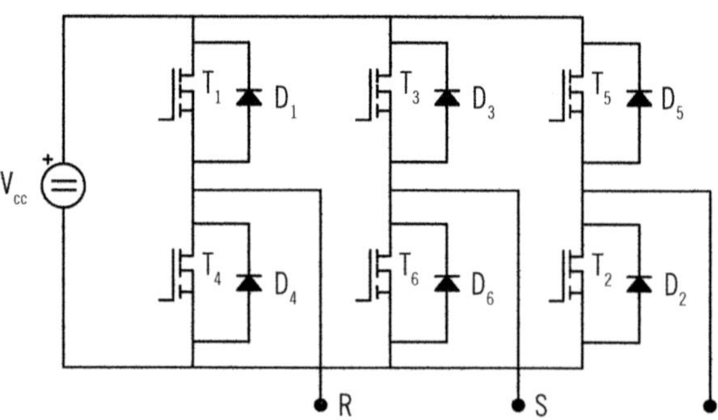

Puente trifásico de seis ramas

Presenta más interruptores que el puente de tres ramas (el doble), pero la tensión que suministra a la carga es más parecida a una senoidal, con lo que puede no ser necesario el uso de un filtro a la salida, disminuyéndose el tamaño y los costes.

6.3. Dispositivos de conversión CC/CC y CC/CA

Como se ha comentado anteriormente, los dispositivos de conversión CC/CA son los inversores y su misión es transformar la corriente continua que reciben en corriente alterna. Por otro lado, los dispositivos de conversión CC/CC no modifican el tipo de corriente que reciben (CC), pero sí la hacen más eficiente a su salida.

Dispositivos de conversión CC/CA (inversores)

Como ya se ha mencionado anteriormente, la finalidad de un inversor (también llamado ondulador) es la conversión de la energía de una fuente de corriente continua en alterna, con tensión o intensidad ajustable.

La tensión obtenida de esta forma tendrá forma de onda periódica no senoidal (cuadrada, triangular, etc.), lo cual es suficiente para aplicaciones de hasta media potencia (en potencias elevadas es necesario mejorar la señal de salida, para que se asemeje más a una onda senoidal).

Señal de salida para un inversor

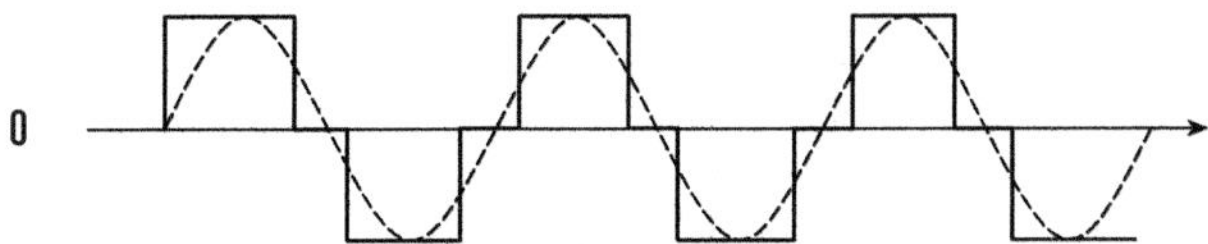

En muchas aplicaciones industriales, es necesario regular la tensión de salida de un inversor.

Ejemplo

Para el control de la velocidad de un motor de inducción o asíncrono, es muy importante poder variar la frecuencia de alimentación.

Para este fin, se suele utilizar la modulación PWM (ver más adelante), actuando sobre los instantes de conmutación de los interruptores y controlando la anchura de los pulsos de la señal de salida.

Dispositivos de conversión CC/CC *(choppers* o recortadores)

Los convertidores CC/CC pueden variar el valor medio de una señal CC. Normalmente, este tipo de convertidores se diseñaban con tiristores (siendo necesaria la conmutación mediante circuitos de disparo), pero la aparición del transistor IGBT en aplicaciones de baja, media y del tiristor GTO en alta potencia, han abaratado considerablemente los costes de fabricación de estos convertidores.

La principal aplicación de estos convertidores se encuentra en el campo de la tracción eléctrica en CC, permitiendo la alimentación de un motor de CC con una tensión variable (salida) a partir de una tensión continua constante (entrada).

6.4. Métodos de control PWM

La modulación por ancho o de pulso (o en inglés *pulse width modulation* PWM) es una técnica utilizada para enviar información o para modificar la cantidad de energía suministrada a una carga.

Inversores PWM

Los inversores por modulación de ancho de pulso PWM tienen un método, diferente a los demás inversores, para generar señales senoidales partiendo de señales continuas.

En la figura que aparece a continuación, se muestra (arriba) el tipo de onda que se pretende obtener (una senoide convencional) a la salida de un inversor PWM y, en segundo lugar (abajo), lo que verdaderamente se obtiene.

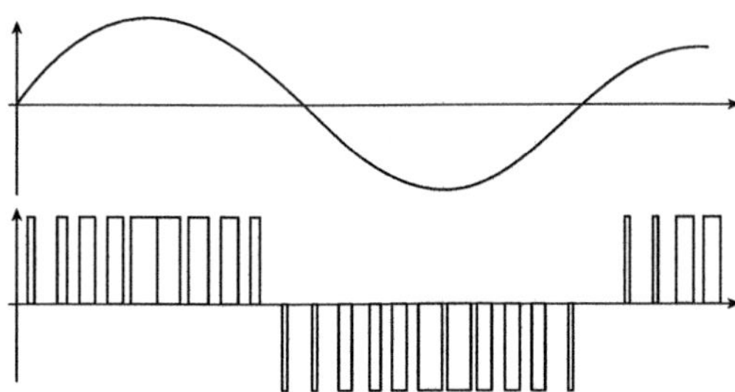

Como se puede apreciar, el método consiste en generar un tren de pulsos de altura fija, pero de ancho aproximadamente proporcional a la amplitud de la onda.

El método PWM es muy popular en los sistemas de frecuencia variable, pues tiene una ventaja que lo destaca del resto: con él, es extremadamente fácil controlar la frecuencia de la tensión de salida.

Esquema y funcionamiento de un inversor PWM

El esquema básico de funcionamiento de un inversor PWM es el siguiente:

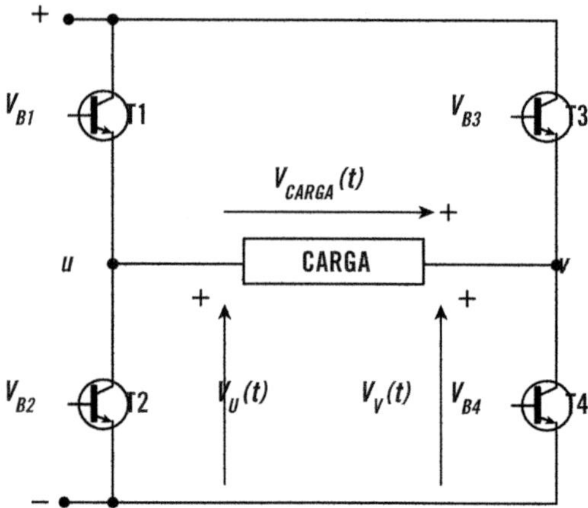

Como se puede ver, existe una carga conectada a cuatro transistores BJT de potencia.

Definición

Transistor BJT

El transistor de unión bipolar BJT (bipolar junction transistor) es un componente de tres terminales con uniones N-P-N (más frecuente) o P-N-P. Gracias a estas uniones y a una polarización adecuada, permiten que el dispositivo pueda utilizarse como amplificador de corriente. Los tres terminales del transistor se denominan: emisor (E), base (B) y colector (C).

Recuerde

Los transistores se conectan al circuito a través del emisor y colector, utilizándose el terminal de base como un electrodo de control. Si la corriente que pasa por la base es 0, el transistor se comporta como un circuito abierto o interruptor en estado OFF (no deja pasar la corriente). Esta zona de operación se denomina "zona de corte". En caso de que la intensidad de base sea lo suficientemente elevada, el transistor adquirirá un estado

Continúa en página siguiente >>

<< Viene de página anterior

ON, comportándose como un interruptor cerrado. En este caso, se dice que el transistor se encuentra en la zona de saturación. Para mantener un transistor en conducción, es necesario que la corriente que pasa por la fase tenga un valor mínimo.

La conexión y desconexión de estos transistores es gobernada por unos circuitos comparadores (conectados a las bases de los transistores), que alternan la conducción de los pares de transistores T1-T4 y T2-T4. Estos comparadores consiguen conmutar a los transistores, de forma que nunca lleguen a conducir dos de estos pares a la vez. Hay tres señales que gobiernan el funcionamiento de los comparadores: V_{ent} (común para los dos), v_x y v_y (específicas para cada comparador, corresponden con formas de onda triangulares desfasadas 180°):

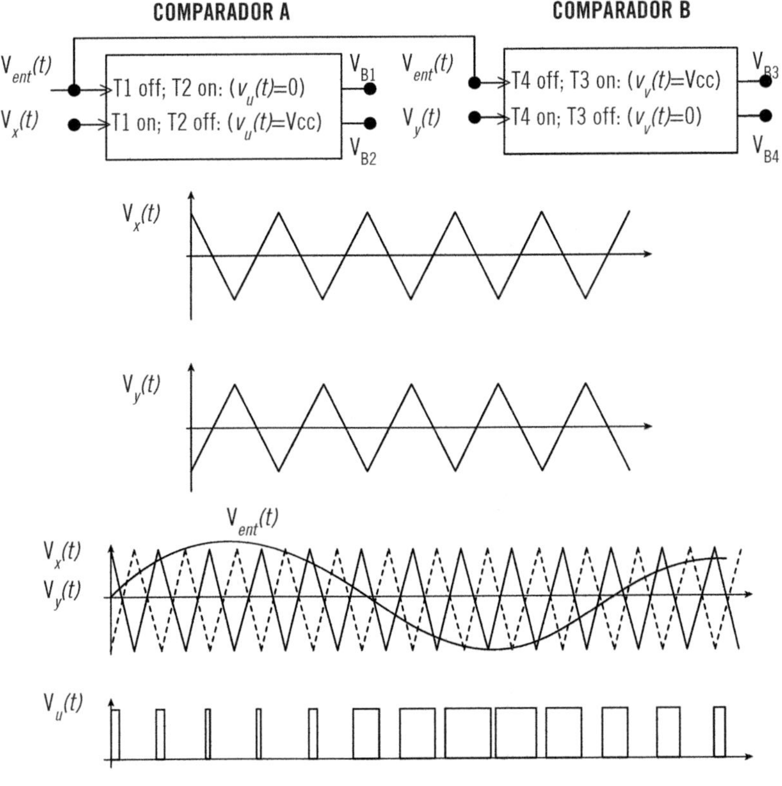

Continúa en página siguiente >>

<< Viene de página anterior

$V_v(t)$

$V_{CARGA}(t) = V_v(t) - V_u(t)$

Dependiendo de la frecuencia y amplitud de la señal de entrada, se podrán conseguir señales de frecuencia y amplitud equivalentes, pero moduladas según su ancho de pulso.

6.5. Generación de armónicos

Los armónicos son componentes de una señal, que se definen como frecuencias secundarias que acompañan a una frecuencia fundamental o principal.

Concepto de armónico

En un sistema de potencia eléctrica, los dispositivos conectados a él están diseñados para operar a 50 o 60 Hz de frecuencia, con una tensión y corriente senoidal. Por múltiples razones, pueden aparecer flujos eléctricos a otras frecuencias sobre algunas partes del sistema de potencia, por lo que la forma de onda resultante estaría formada por un número de ondas senoidales de diferentes frecuencias, incluyendo la correspondiente a la frecuencia fundamental.

El término **componente armónico** se refiere a cualquiera de las componentes sinusoidales mencionadas, las cuales son múltiplos de la fundamental. La amplitud de los armónicos se expresa generalmente en % respecto a la fundamental.

Generación de armónicos

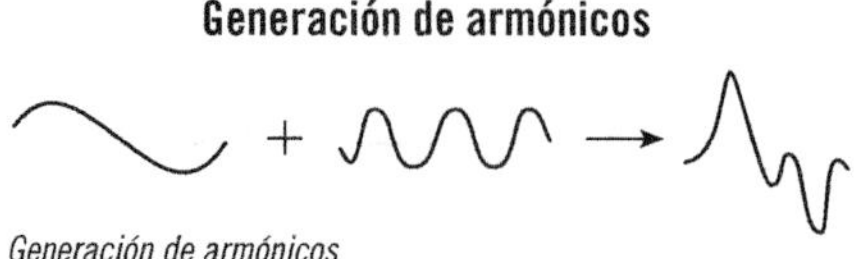

Generación de armónicos

Los armónicos se definen habitualmente con los dos datos más importantes que les caracterizan, que son:

- **Amplitud:** se refiere al valor de la tensión o intensidad del armónico.
- **Orden:** hace referencia al valor de su frecuencia referido a la fundamental (60Hz).

 **Aplicación práctica**

Calcule el orden de un armónico cuya frecuencia es de 180 Hz.

SOLUCIÓN

El armónico es de orden 3, ya que tiene una frecuencia 3 veces superior a la fundamental:

$3 \cdot 60Hz = 180\ Hz.$

Armónicos en los inversores

La presencia de armónicos es un tema que se tiene cada vez más en cuenta, debido a la creciente utilización de equipos eléctricos y electrónicos sofisticados, y el ámbito de las instalaciones fotovoltaicas no es una excepción. En este entorno, los armónicos que se tienen más en cuenta son los que generan debido al inversor fotovoltaico y que, a través de él, se inyectan en la red eléctrica (para las instalaciones fotovoltaicas conectadas a red). Dichos armónicos pueden producir desperfectos en todo el sistema, llegando incluso a inutilizar determinados dispositivos. Por ello, es muy importante el estudio de los armónicos en el diseño de la instalación fotovoltaica, realizando suficientes mediciones previas.

La existencia de armónicos es un tema preocupante. Por ello, es importante disponer de elementos que ayuden a la eliminación o atenuación de estos y que permitan, como mínimo, un funcionamiento aceptable del sistema fotovoltaico.

Aunque muchos inversores disponen en su interior de protecciones para eliminar las componentes armónicas de la señal que generan, es recomendable inspeccionar el equipo y el circuito eléctrico correspondiente, ya que estos problemas suelen estar causados o empeorados por cargas desbalanceadas, malas conexiones a tierra, utilización inapropiada de los equipos, etc.

Además de estas consideraciones, existen algunos dispositivos cuya utilización reduce el efecto de los armónicos. Algunos de estos, son:

- Transformadores.
- Filtros (con bobinas y condensadores).
- Diferenciales.
- Magnetotérmicos.

7. Inversores conectados a red y autónomos

Los inversores en las instalaciones fotovoltaicas se utilizan cuando dicha instalación está conectada a la red eléctrica y/o alimenta dispositivos que funcionan con corriente alterna.

Por otro lado, en las instalaciones fotovoltaicas existen dos grandes grupos de inversores: los que se utilizan para instalaciones conectadas a red y los que se utilizan para instalaciones fotovoltaicas aisladas (autónomos).

7.1. Configuración del circuito de potencia

Según se utilicen en una instalación solar aislada o conectada a red, existen distintas maneras de configurar la conexión de los inversores al sistema. En este apartado se estudian las más usuales.

Configuración de inversores en instalaciones aisladas

La mayoría de equipos de consumo en las instalaciones aisladas funcionan con corriente alterna, ya que es la forma en la que se distribuye la energía en las redes eléctricas. Por este motivo, casi siempre es necesario incluir en la instalación un inversor, para que transforme la corriente continua (de los paneles y la batería) en corriente alterna, normalmente a 230 V.

El rendimiento de los inversores a muy baja potencia respecto a la potencia nominal suele ser muy pequeño, por lo que es aconsejable que no funcionen durante mucho tiempo a bajas potencias.

La elección de la potencia del inversor se suele realizar de forma que sea 1.2 veces la potencia que demanden las cargas (consumo) de alterna, y asegurando el arranque (mayor demanda instantánea de potencia), en todo momento, de todos los equipos.

La conexión de los inversores en estas instalaciones, se realiza:

- Los de baja potencia se pueden conectar al regulador siempre y cuando la corriente máxima de salida del regulador no sobrepase el valor permitido.
- Los inversores de más de 500 W se suelen conectar directamente a las baterías. De esta forma, los propios inversores actúan como protectores frente a descargas profundas (excesiva descarga de la batería).

Configuración de inversores en instalaciones conectadas a red

Las primeras instalaciones de conexión a red solían utilizar un único inversor para todo el sistema fotovoltaico. En la actualidad, no suele ser así, por lo que lo más habitual es que este tipo de instalaciones presenten varios inversores conectados en paralelo. Por ello, se pueden distinguir hasta tres configuraciones diferentes en instalaciones fotovoltaicas de conexión de red, en función de la interconexión del inversor o inversores con el generador fotovoltaico.

Configuración de inversor centralizado

Se dice que un inversor está configurado de manera centralizada cuando únicamente uno de estos dispositivos interviene en la entrega de corriente a la red, por parte de todos los paneles de la instalación.

Ramales cortos

Cuando se conectan pocos módulos en serie en un ramal (de 3 a 5 módulos), la tensión de salida del generador está dentro del rango de bajas tensiones. Por otro lado, las sombras afectan menos a la instalación y es necesario utilizar cables de sección relativamente grandes (debido a las corrientes mayores que circulan por los ramales cortos). Desde el punto de vista de la seguridad, existe un menor riego eléctrico, debido a las tensiones no elevadas.

Ramales cortos

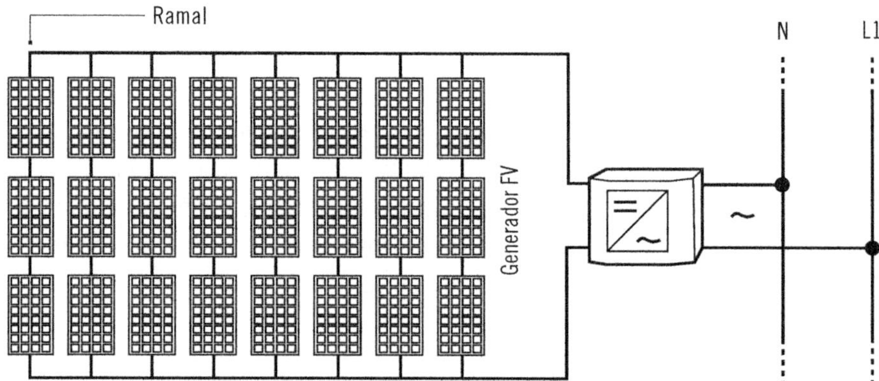

Recuerde

Los ramales de pocos módulos conectados en serie suelen estar menos influenciados por las sombras. Esto se debe a que el módulo más afectado por la sombra es el que fija la corriente en todo el ramal: el número de módulos sombreados en un ramal afecta menos a la eficiencia de la instalación que si existieran muchos ramales sombreados.

Ramales largos

En el caso de tener muchos módulos en serie por ramal, se tendrán tensiones más elevadas y el material a emplear deberá tener mayores condiciones de seguridad. Las pérdidas por sombreado serán mayores y la sección de los cables deberá ser inferior a las especificadas en el caso anterior.

Ramales largos

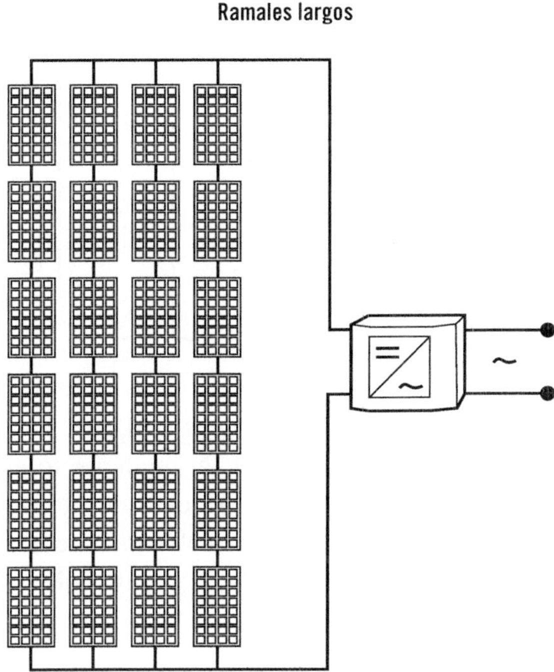

Configuración maestro – esclavo

En esta configuración se utilizan varios inversores (2 o 3), donde uno de ellos hace de maestro y trabaja cuando existen bajos niveles de radiación. Cuando existen valores mayores de radiación y se supera el límite de potencia del inversor maestro, arranca automáticamente el siguiente inversor (esclavo). Para hacer que todos los inversores funcionen el mismo tiempo, es necesario intercambiar la función de maestro y esclavo cada cierto tiempo.

Configuración maestro-esclavo

Esta configuración presenta la ventaja de que, para bajos niveles de potencia, solo se utiliza un inversor (el rendimiento en el rango de pequeñas potencias es mayor que en el caso de utilizar un solo inversor centralizado, de mayor potencia). Sin embargo, los costes de inversión son superiores comparado con el caso de utilizar un único inversor.

Configuración de inversor por ramal

En una instalación en la que existen partes con diferentes inclinaciones y/o orientaciones, se pueden disminuir considerablemente las pérdidas por sombras si cada una de estas partes se conecta directamente a un inversor específico, ya que se conseguiría que los módulos conectados a un inversor reciban en todo momento el mismo nivel de radiación.

Configuración de inversor por ramal

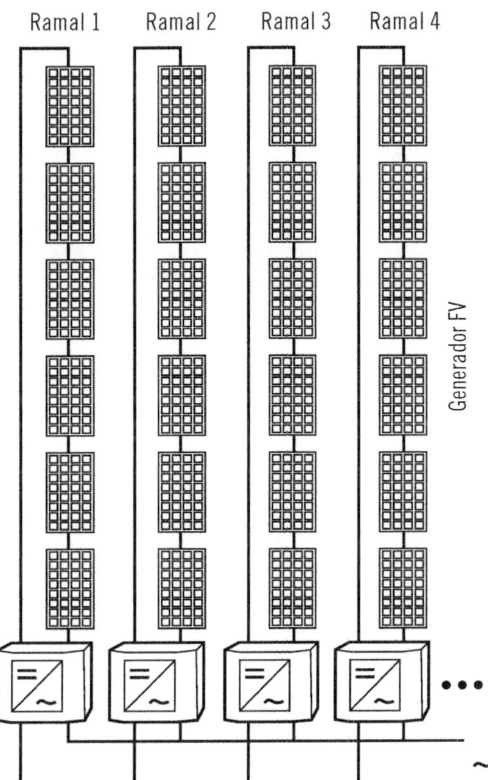

Configuración de inversor en módulo

Esta configuración consiste en instalar un inversor independiente a cada uno de los módulos fotovoltaicos que constituyen la instalación. El inconveniente fundamental de esta configuración es el coste total y el menor rendimiento de estos inversores. Sin embargo, esta diferencia en el rendimiento se compensa con un mejor ajuste en el punto de máxima potencia de los módulos.

Inversor fotovoltaico

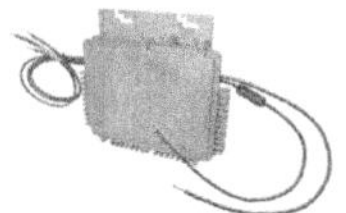 **?** Sabía que...

Algunos de los inversores que suelen utilizarse en la configuración de inversor en módulo son tan pequeños que se pueden colocar en la propia caja de conexiones del mismo.

Aplicación práctica

Identifique la configuración de inversor a la que corresponde el siguiente esquema:

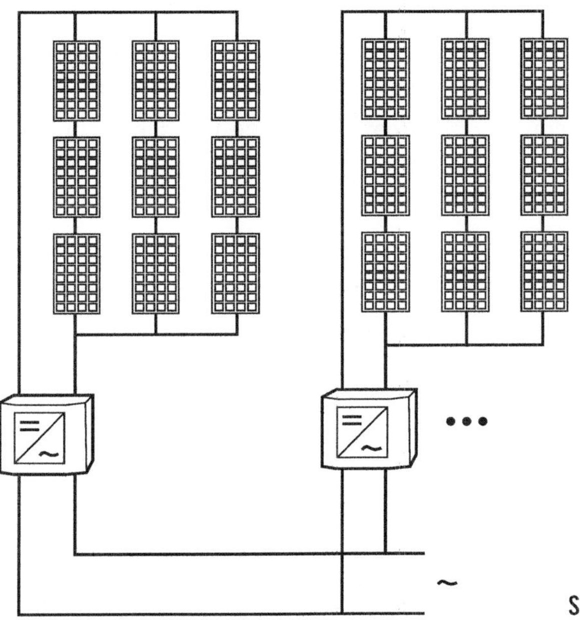

SOLUCIÓN

El esquema corresponde a una variante de la configuración de inversor por ramal, donde se ha sustituido el ramal por una asociación serie/paralelo de módulos.

7.2. Requerimientos de los inversores autónomos y conectados a la red

Tanto los inversores conectados a red como los autónomos deben cumplir ciertos requisitos técnicos y de funcionamiento para que sean compatibles con la normativa vigente.

Inversores autónomos

Los aspectos más importantes que deberán cumplir los **inversores instalados en sistemas autónomos,** son:

- Deberán tener alta eficiencia. En caso contrario, habría que aumentar sin necesidad el número de paneles para la alimentación de la carga.
- Tienen que tener protecciones adecuadas contra cortocircuitos y sobrecargas.
- Deben incorporar sistemas de rearme y desconexión automáticas, para los casos que no se esté utilizando ningún equipo de corriente alterna.
- Deben poder admitir demandas instantáneas de potencia superiores al 200 % de su potencia máxima.
- Cumplir con los requisitos que, para instalaciones de 230 V en CA, establece el REBT.

En cualquier caso, la elección del inversor a utilizar debe realizarse en función de las características que presente la carga. Dependiendo de esta última, se podrá decidir por equipos más o menos complejos, aunque se recomienda acudir a inversores diseñados especialmente para aplicaciones fotovoltaicas.

Inversores conectados a red

En cuanto a las características eléctricas a cumplir por los inversores para instalaciones conectadas a red, se pueden destacar:

- Tensión de Salida 0,85 - 1,1 Vac.
- Factor de Potencia (FP) por encima de 0,95.
- Frecuencia comprendida entre 49 y 51Hz.
- Trifásico mayor de 5 kW (recomendado).

Requisitos de los inversores para instalaciones conectadas a red:

- Alta eficiencia.
- Baja distorsión armónica.
- Seguimiento del punto de potencia máxima.
- Bajo consumo.

- Protección contra sobretensiones.
- Aislamiento galvánico.
- Conexión/Desconexión automática.
- Sistema de medidas y monitorización.

7.3. Compatibilidad fotovoltaica

Respecto a la normativa vigente, un inversor fotovoltaico debe cumplir:

- Las Directivas Europeas de Baja tensión y la Compatibilidad Electromagnética.
- El Reglamento Electrotécnico de Baja Tensión (REBT).
- EN 62477-1 Requisitos de seguridad para sistemas y equipos de conversión de potencia de semiconductores.
- UNE-EN 62109 Seguridad de los convertidores de potencia utilizados en sistemas de potencia fotovoltaicos.
- IEC/TS 62910 Ed. 1.0 *Test procedure of Low Voltage Ride-Through (LVRT) measurement for utility-interconnected photovoltaic inverter.*
- UNE 206006 IN Ensayos de detección de funcionamiento en isla de múltiples inversores fotovoltaicos conectados a red en paralelo.
- UNE 206007 Requisitos de conexión a la red eléctrica.
- PNE 217001 IN Requisitos y ensayos para sistemas que eviten el vertido de energía a la red de distribución.
- UNE-EN 50530 Rendimiento global de los inversores fotovoltaicos conectados a la red.
- UNE-EN 61683 Sistemas fotovoltaicos. Acondicionadores de potencia. Procedimiento para la medida del rendimiento.

Definición

Compatibilidad (electromagnética)
Es la habilidad que tiene un sistema para no causar interferencias electromagnéticas a otros equipos y, a su vez, debe ser insensible a las emisiones que puedan causar otros sistemas.

8. Otros componentes

Además de los elementos característicos de la mayoría de las instalaciones fotovoltaicas, existen diversos elementos que son necesarios para la seguridad y control de la instalación. En este tema, se van a estudiar los más importantes.

8.1. Diodos de bloqueo y de paso

Los **diodos de bloqueo** simplemente evitan que se disipe la potencia de los módulos o de la batería en situaciones en las que ocurra un defecto eléctrico. Por otro lado, los **diodos de paso** evitan los efectos de sombreado, impidiendo que las células afectadas por las sombras actúen como receptores. El fabricante suele incluirlos en la caja de conexiones del módulo.

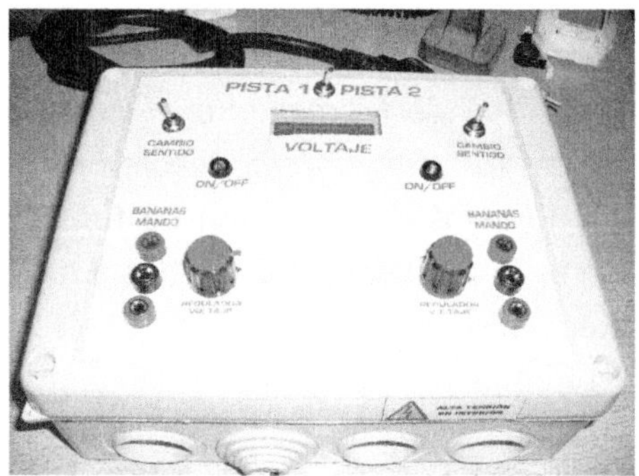

Caja de conexiones

8.2. Equipos de monitorización, medición y control

Los equipos de monitorización, medición y control son indicadores y visualizadores que muestran al usuario datos sobre la instalación y su funcionamiento. Estos indicadores se encuentran en los propios aparatos de control, y pueden suministrar:

- Tensión del campo fotovoltaico.
- Tensión de la batería.
- Intensidad del campo fotovoltaico.

- Intensidad de consumo.
- Carga de la batería.
- Regulación de la carga.
- Energía eléctrica generada por el campo fotovoltaico.
- Energía eléctrica consumida.

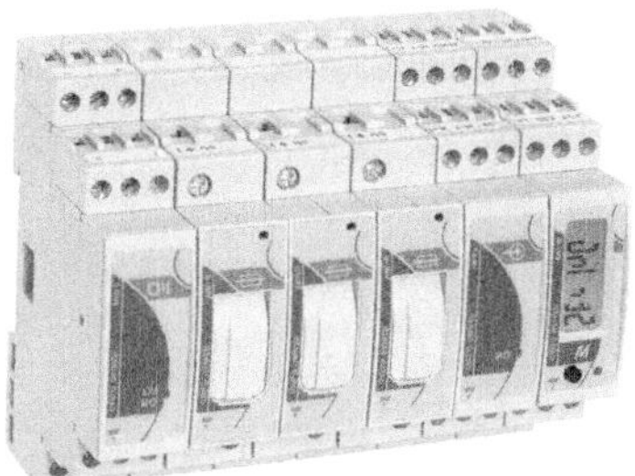
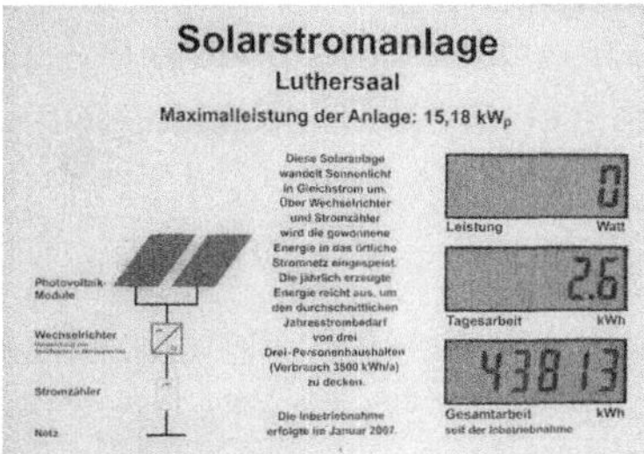

Equipos de monitorización, medición y control

8.3. Aparamenta eléctrica del cableado, protección y desconexión

Los **conductores** que se utilicen en las instalaciones fotovoltaicas tendrán un aislamiento adecuado, y las secciones se determinarán siguiendo la reglamentación, de forma que no se calienten por encima de la temperatura que soporte el aislamiento. Las secciones también deberán elegirse de forma que las pérdidas por efecto Joule se mantengan, por lo general, inferiores al 5 % de la potencia instalada.

AZ Definición

Efecto Joule
Fenómeno de disipación de calor que se produce en los conductores cuando circula por ellos una corriente eléctrica. Esto se debe al choque de los electrones con los átomos del material conductor por el que circulan, lo que se traduce en una pérdida de energía.

En las instalaciones fotovoltaicas, se deben utilizar **protecciones** térmicas y/o magnéticas contra sobreintensidades, que se instalan de modo que protejan conductores y baterías.

Los reguladores de carga de las baterías suelen incorporar fusibles (imagen de abajo) o interruptores automáticos, siempre acogidos a los preceptos del REBT.

En cuanto a los inversores, se emplean protecciones de tipo diferencial frente a contactos indirectos (siempre en el lado de la corriente alterna).

Fusibles

8.4. Estructuras de orientación variable y automática

Dentro de las estructuras móviles, se pueden distinguir las **variables** (se pueden orientar manualmente) y, las más sofisticadas, denominadas **sistemas de seguimiento solar automático.**

Los sistemas de seguimiento solar, aprovechan al máximo las radiaciones durante todo el día. Los sistemas de giro pueden ser mecánicos o hidráulicos. Estos seguidores solares encarecen el coste de la instalación, pero aumentan mucho su rendimiento.

Sabía que...

El seguidor solar hidráulico instalado en Vilalba (Lugo) es considerado el más grande del mundo, con una superficie porta-paneles de 345 m² y una potencia de 42 kW.

8.5. Elementos de consumo

Los elementos de consumo o receptores que se utilizan en las instalaciones fotovoltaicas, además de tener una tensión nominal acorde con la que el generador proporciona, deben seleccionarse para que hagan un uso lo más eficiente posible de la energía.

Ejemplo

Con respecto al alumbrado, en lugar de utilizar lámparas de incandescencia, se deberán utilizar lámparas fluorescentes con encendido y regulación electrónica, para evitar pérdidas.

8.6. Otros generadores eléctricos (pequeños aerogeneradores y grupos electrógenos)

Como se ha comentado antes, es muy común incorporar elementos generadores de energía en las instalaciones solares fotovoltaicas como apoyo a la energía eléctrica que suministran los módulos fotovoltaicos. Los más comunes son los aerogeneradores y los grupos electrógenos.

Grupos electrógenos

Los grupos electrógenos son sistemas de generación eléctrica complementarios para instalaciones fotovoltaicas. Se utilizan en instalaciones de mediana y alta potencia cuando:

- Es necesario asegurar el suministro eléctrico.
- Existen ciertos consumos de alta potencia que no compensa cubrir con el sistema fotovoltaico.

Los grupos electrógenos suelen ser alimentados con gasóleo o gas, y el dimensionamiento del grupo se realizará en función del consumo total que se prevea y de las condiciones de uso de la instalación.

Normalmente, estos generadores producen electricidad en forma de corriente alterna.

Grupo electrógeno

Aerogeneradores

Estos generadores son de pequeña potencia y suelen constituir el sistema de producción auxiliar de muchas instalaciones fotovoltaicas.

Aerogenerador

Los principales componentes de los que constan estas instalaciones, son:

- **Turbina eólica:** la turbina la constituye el conjunto: hélices – sistema de orientación – generador.
- **Torre:** soporta la turbina y la dota de la altura necesaria.
- **Regulador:** al igual que es necesario regular la carga de las baterías de las instalaciones fotovoltaicas, no es adecuado utilizar únicamente el regulador fotovoltaico, ya que se podría provocar el funcionamiento en vacío de la turbina.

8.7. Dispositivos de optimización

Los dispositivos de optimización fotovoltaicos son aquellos que, no siendo fundamentales, proporcionan una mejora (productividad eléctrica, seguridad, etc.) de la instalación.

Los más representativos son los seguidores solares automáticos, que se orientan para captar el máximo de energía posible. Los generadores de apoyo, como los grupos electrógenos o aerogeneradores, también pueden considerarse dispositivos de optimización, ya que proporcionan una mejora en la productividad eléctrica de la instalación.

 **Aplicación práctica**

Razone si la estructura soporte de un panel fotovoltaico se puede considerar o no un elemento de optimización.

SOLUCIÓN

No. La estructura soporte es algo básico dentro de una instalación fotovoltaica, ya que proporciona la sujeción al panel, el cual siempre debe estar fijado a esta estructura (que puede ser móvil, automática, etc.).

9. Aparatos de medida y protección

Los dispositivos de medida y protección son muy importantes en una instalación fotovoltaica (y en cualquier instalación eléctrica), ya que el uso de los mismos va a permitir:

- Disponer de protecciones para garantizar la seguridad (aparatos de seguridad).
- Poder evaluar las prestaciones de la instalación, a partir de la monitorización de diversas variables (aparatos de medida).

En este capítulo, por tanto, se van a analizar los dispositivos de medida y protección más utilizados en el ámbito de la fotovoltaica.

9.1. Elementos de medida

Los aparatos de medida van a permitir transformar el valor de una magnitud física (intensidad eléctrica, radiación, etc.) en una señal que puede ser utilizada para facilitar información entendible por el usuario.

Contador de energía

Se entiende como contador de energía aquel equipo que permita medir el consumo (alterna y continua) y/o la producción eléctrica (kWh) de la instalación solar. Estos equipos deben tener una calibración adecuada, así como la obligatoriedad de cumplir las especificaciones contempladas en el REBT.

La siguiente imagen muestra un contador de energía integrado en un regulador (también pueden estar integrados en dispositivos de seguridad).

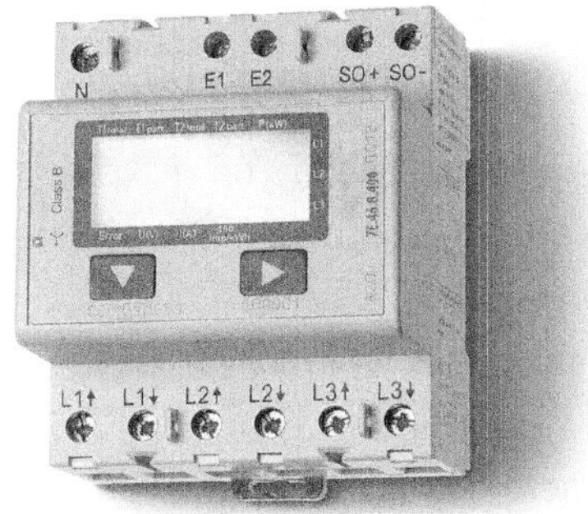

Medida de la radiación solar

El **piranómetro** es el dispositivo que se suele usar para la medida de la radiación solar global, cuyas especificaciones (establecidas por la Organización Meteorológica Mundial) deben ser:

- Variación de la respuesta con la temperatura ambiente: ± 1 %.
- Variación de la sensibilidad del sensor a las diferentes regiones del espectro de la radiación solar: ± 2 %.

- Linealidad de respuesta: ± 1 %.
- Variación de la respuesta con el ángulo de incidencia: ± 1 %.

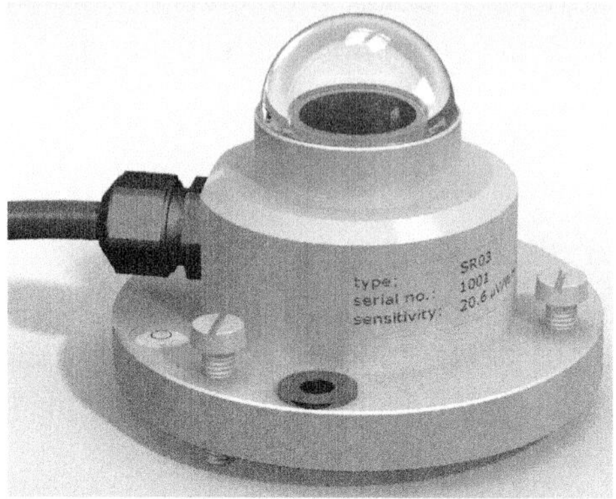

Piranómetro

Estos dispositivos se deben montar en el plano de los módulos, a la altura del perfil superior del mismo. Es necesario tener en cuenta que no se deben proyectar sombras sobre el módulo. También es importante que estén bien ventilados (por aire ambiente), y el cableado ha de estar protegido de la radiación directa y electromagnética mediante una malla exterior.

Medida de la temperatura ambiente

La medida de la temperatura ambiente se realiza mediante una **sonda de temperatura** o un termómetro de mercurio, que se sitúan siempre a la sombra, de forma que no se vean afectados por la temperatura que puedan alcanzar los componentes.

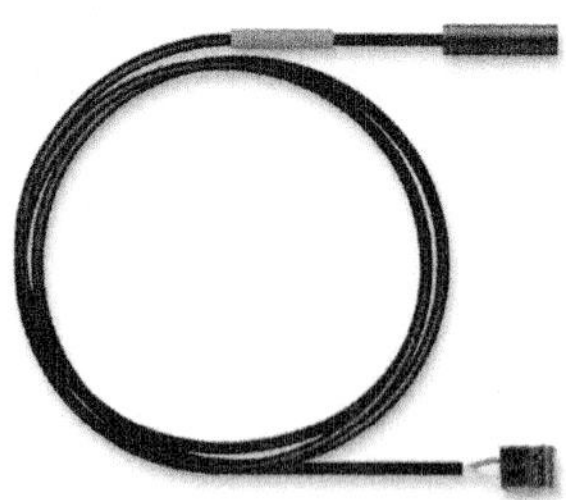

Sonda de temperatura

Con la información de la energía producida, temperatura ambiente y radiación solar, se podrá verificar el correcto funcionamiento de la instalación.

Sistema de adquisición de datos

Estos sistemas facilitan al usuario una información completa sobre el comportamiento general del sistema. La información recogida es mostrada al usuario una vez haya sido tratada, por medio de indicadores y visualizadores presentes en los propios aparatos.

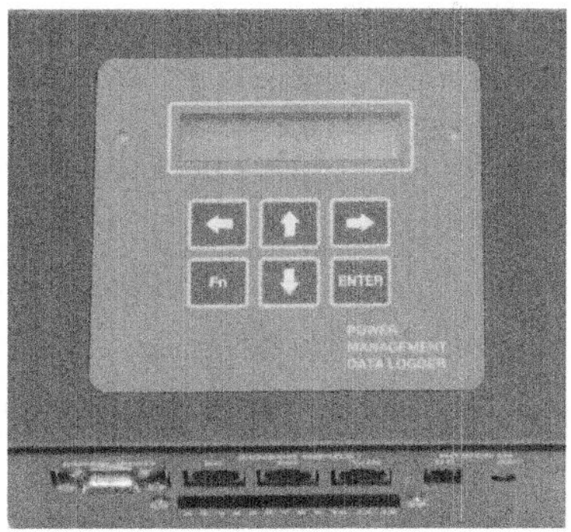

Sistema de adquisición de datos

Otros aparatos de medida

- **Albedómetro:** el albedo es la relación que existe entre la radiación reflejada por el suelo respecto a la radiación total. El albedómetro está constituido por dos piranómetros iguales contrapuestos (uno hacia el cielo y otro hacia abajo). El primero mide la radiación global (directa más difusa), mientras que el segundo mide la radiación reflejada por el suelo.

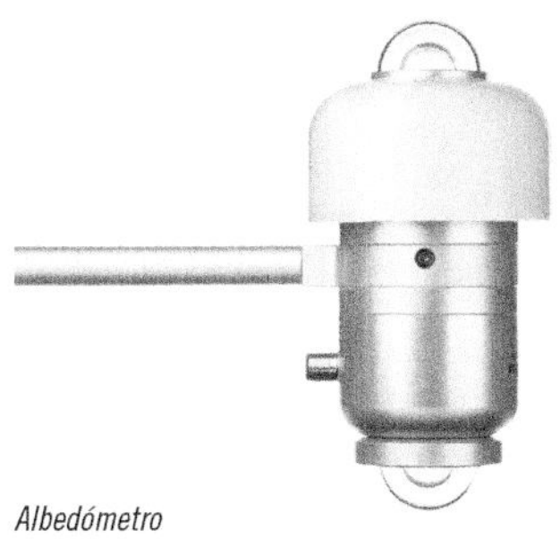

Albedómetro

- **Pirheliómetro:** mide la radiación solar en función de la concentración en un punto de luz, creado por una esfera de cristal sobre un papel marcado con una escala convencional.

Pirheliómetro

- **Heliógrafo:** instrumento que registra la duración del brillo solar en horas y décimas. El más conocido es el tipo Campbel Stokes, que consiste en una esfera de cristal que actúa como lente convergente en todas las direcciones. El foco se encuentra sobre una banda de registro de cartulina, que se dispone curvada concéntricamente con la esfera y sujeta por un soporte especial.

Heliógrafo

9.2. Elementos de protección

Todas las instalaciones fotovoltaicas deben cumplir con las especificaciones del REBT en las instrucciones que les afecten, según el punto de la instalación que corresponda (cableado, protecciones, tomas de tierra, etc.).

A continuación, se detallan los elementos más importantes que se utilizan en los sistemas de protección de toda instalación fotovoltaica.

Toma de tierra

Las puestas a tierra se establecen principalmente con objeto de limitar la tensión que, con respecto a tierra, puedan presentar las masas metálicas; asegurar la actuación de las protecciones; y eliminar o disminuir el riesgo que supone una avería en los materiales eléctricos utilizados.

La puesta o conexión a tierra es la unión directa, sin fusibles ni protección alguna, de una parte del circuito eléctrico (o de una parte conductora no perteneciente al mismo) mediante una toma de tierra, con un electrodo o grupo de electrodos enterrados en el suelo.

Mediante la instalación de puesta a tierra, se deberá conseguir que en el conjunto de instalaciones, edificios y superficie próxima del terreno, no parezcan diferencias de potencial peligrosas y que, al mismo tiempo, se permita el paso a tierra de las corrientes de defecto o de la descarga de origen atmosférico.

Todas las instalaciones fotovoltaicas necesitan un sistema de puesta a tierra para mejorar el rendimiento y la seguridad del personal. Todas las partes metálicas expuestas del sistema deben estar conectadas al electrodo de tierra, incluyendo la estructura del sistema generador, los marcos de los módulos y la bomba (si existe). En cuanto al electrodo, debe estar lo más cerca posible al sistema generador.

Protección contra contactos directos e indirectos

El contacto de una persona con un elemento en tensión se puede dar de forma directa o indirecta. Un contacto es directo, cuando el elemento se encuentra normalmente bajo tensión. Por el contrario, el contacto se define como indirecto si el elemento ha sido puesto bajo tensión de forma accidental (por ejemplo, por una falla en el aislamiento).

Protección contra contactos directos

Esta protección consiste en tomar las medidas destinadas a proteger al individuo contra los peligros que pueden derivarse de un contacto con las partes activas de los materiales eléctricos.

Salvo indicación contraria, suelen ser:

- Protección por aislamiento de las partes activas.
- Protección por medio de barreras o envolventes.
- Protección por medio de obstáculos.
- Protección por puesta fuera de alcance por alejamiento.
- Protección complementaria por dispositivos de corriente diferencial-residual.

Esta última medida de protección está destinada solamente a complementar otras medidas de protección contra los contactos directos. El empleo de dispositivos de corriente diferencial-residual, cuyo valor de corriente diferencial asignada de funcionamiento sea inferior o igual a 30 mA, se reconoce como medida de protección complementaria en caso de fallo de otra medida de protección contra los contactos directos, o en caso de imprudencia de los usuarios. La utilización de tales dispositivos no constituye por sí misma una medida de protección completa y requiere el empleo de medidas de protección adicionales.

 **Nota**

Los dispositivos diferenciales ofrecen una protección eficaz contra contactos directos e indirectos, y están compuestos por:

- Transformador toroidal.
- Relé electromecánico.
- Mecanismo de conexión y desconexión.
- Circuito auxiliar de prueba.

Continúa en página siguiente >>

<< Viene de página anterior

Cuando la suma vectorial de las intensidades que pasan por el transformador es distinta de cero, en el secundario del mismo se induce una tensión que provoca la excitación del relé, dando lugar a la desconexión del interruptor. Para que se produzca la apertura, la corriente de fuga debe ser superior a la corriente de sensibilidad del diferencial.

Protección contra contactos indirectos

A continuación, se describen las principales medidas de seguridad que se suelen tomar para evitar que se produzcan contactos indirectos.

Protección por corte automático de la alimentación

El corte automático de la alimentación después de la aparición de un fallo, está destinado a impedir que una tensión de contacto de valor suficiente se mantenga durante un tiempo tal que puede dar como resultado un riesgo.

El corte automático de la alimentación está prescrito cuando puede producirse un efecto peligroso en las personas o animales domésticos en caso de defecto, debido al valor y duración de la tensión de contacto.

Se emplean:

▪ Dispositivos de protección de máxima corriente, tales como fusibles o interruptores automáticos.
▪ Diferenciales.

Protección por empleo de equipos de clase II o por aislamiento equivalente

Se asegura esta protección por:

- Utilización de equipos con un aislamiento doble o reforzado (clase II).
- Conjuntos de aparamenta construidos en fábrica y que posean aislamiento equivalente (doble o reforzado).
- Aislamientos suplementarios montados en el curso de la instalación eléctrica y que aíslen equipos eléctricos que posean únicamente un aislamiento principal.
- Aislamientos reforzados montados en el curso de la instalación eléctrica y que aíslen las partes activas descubiertas, cuando, por construcción, no sea posible la utilización de un doble aislamiento.

Protección contra sobrecargas, cortocircuitos y sobretensiones

- Sobrecargas y cortocircuitos: fusibles y magnetotérmicos (PIA).
- Sobretensiones red (por tormentas, etc.): varistores (en los paneles).

Los varistores proporcionan una protección fiable y económica contra transitorios de alto voltaje que pueden ser producidos, por ejemplo, por relámpagos, conmutaciones o ruido eléctrico en líneas de potencia de CC o CA.

10. Resumen

El sistema generador es la parte fundamental de una instalación fotovoltaica, ya que es donde se genera la electricidad como conversión de la radiación solar. Las células solares son los elementos, situados en los paneles, que generan la electricidad y suelen ser de silicio (semiconductor).

La estructura soporte de los módulos fotovoltaicos tiene dos funciones fundamentales: proporcionar el soporte del panel y orientarlo hacia los rayos solares. Respecto a esta última función, existen varios tipos de estructuras soporte: fijas, variables y de seguimiento.

Cuando una instalación fotovoltaica dispone de baterías, la energía generada por los paneles fotovoltaicos es almacenada en este sistema para ajustar mejor la demanda a las necesidades (irregularidad de la producción eléctrica en las instalaciones fotovoltaicas).

Los reguladores son dispositivos fundamentales en toda instalación fotovoltaica en la que exista batería, ya que controlan la carga/descarga de la batería, es decir, se encargan de que no sobrepase unos límites concretos.

Utilizando componentes semiconductores controlados (transistores, tiristores, etc.), se pueden diseñar dispositivos que transformen una señal de entrada (al dispositivo) a otra. Desde el punto de vista de la forma de onda transformada, se pueden identificar los rectificadores (CA/CC), convertidores (CC/CC) e inversores (CC/CA). El conocimiento de las características, funcionamiento y topologías básicas de estos últimos es fundamental en el diseño de una instalación solar fotovoltaica.

En las instalaciones fotovoltaicas, los inversores tienen dos ámbitos de actuación: adaptación de la tensión generada a la que fluye por la red (instalaciones conectadas a red), y alimentación de dispositivos que funcionen en CA (instalaciones aisladas).

Además de los paneles, reguladores e inversores, las instalaciones fotovoltaicas suelen disponer de elementos que aseguran y optimizan el correcto funcionamiento de la instalación. Algunos de ellos son la estructura soporte, los dispositivos de protección, los generadores auxiliares, los equipos de monitorización, etc.

La aparamenta de medida y protección es muy importante en una instalación fotovoltaica, ya que ayudará a conocer continuamente las variables principales que afecten a la instalación (aparamenta de medida), y permitirá asegurar condiciones de seguridad frente a diversos fallos y accidentes eléctricos (aparamenta de protección).

 **Ejercicios de repaso y autoevaluación**

1. **Complete la siguiente frase:**

   Al conectar varias células fotovoltaicas en _____________, la tensión de _____________ del módulo corresponderá a la suma de las _____________ que puede proporcionar cada célula.

2. **El fenómeno que se produce cuando la radiación solar incide sobre la unión PN del material semiconductor, se rompen los enlaces y el campo eléctrico orienta las cargas del electrón y el hueco (estableciéndose la diferencia de potencia a partir de la cual circula corriente por la carga), se denomina...**

   a. ... radiación solar.
   b. ... autorregeneración.
   c. ... unión PN.
   d. ... efecto fotovoltaico.

3. **Comente la principal diferencia que existe entre las estructuras solares fijas y ajustables.**

   ____

   ____

4. **Relacione los siguientes conceptos:**

   a. Galvanizado
   b. Separación filas de módulos
   c. No traspasar cubiertas
   d. Estructuras de aluminio
   e. Aplomo de elementos verticales

   __ Evitar corrosión
   __ Pequeñas instalaciones
   __ Para colocación de cableado
   __ Para evitar infiltraciones de agua
   __ Correcta transmisión de esfuerzos

5. En una instalación fotovoltaica, los acumuladores se deben situar...

    a. ... en la intemperie, para una adecuada ventilación.
    b. ... debajo de los paneles fotovoltaicos, para aprovechar el calor que estos generan.
    c. ... dependiendo de la instalación.
    d. ... en locales o armarios cerrados, que mantengan una temperatura estable.

6. Determine si las siguientes oraciones son verdaderas o falsas.

    a. Los reguladores *shunt* se utilizan en instalaciones de baja potencia.

      ☐ Verdadero
      ☐ Falso

    b. Los reguladores conmutados actúan desconectando la batería del generador mediante un interruptor conectado en serie con el panel.

      ☐ Verdadero
      ☐ Falso

7. ¿En qué tipo de aplicaciones se usan principalmente los convertidores CC/CC?

    a. En aplicaciones de energía solar térmica.
    b. En aplicaciones de energía solar fotovoltaica.
    c. En aplicaciones de tracción eléctrica.
    d. En aplicaciones de baja potencia.

8. La habilidad que tiene un sistema para no causar interferencias electromagnéticas a otros equipos y, a su vez, ser insensible a las emisiones que pueden causar otros sistemas, es:

    a. Máxima eficiencia.
    b. Compatibilidad electromagnética.
    c. Protección contra sobretensiones.
    d. Protección contra sobrecargas.

9. Determine si las siguientes oraciones son verdaderas o falsas.

a. Las secciones de los conductores en las instalaciones fotovoltaicas deberán elegirse de forma que las pérdidas por Efecto Joule se mantengan, por lo general, superiores al 5 % de la potencia instalada.

    ☐ Verdadero
    ☐ Falso

b. En las instalaciones fotovoltaicas se deben utilizar protecciones térmicas y/o magnéticas contra sobreintensidades, que se instalan de modo que protejan a conductores y baterías.

    ☐ Verdadero
    ☐ Falso

10. Complete la siguiente frase:

El ____________ es un dispositivo para la medida de la radiación global y se deben montar en el _________ de los ________________, a la altura del _________ superior del mismo.

Capítulo 3

Emplazamientos y dimensionado de una instalación solar fotovoltaica

Contenido

1. Introducción

La integración arquitectónica consiste en combinar la clásica función de los sistemas solares (fotovoltaica y solar térmica) como productores de energía (electricidad y calor) con la función de elemento constructivo integrado.

Por ello, para minimizar su impacto visual y para que realmente se conviertan en un material constructivo, la tecnología ha cambiado y está permitiendo aportar un valor añadido a los edificios, aunando la producción energética y la sostenibilidad de los mismos con una estética moderna, ecológica y vanguardista.

2. Optimización y elección de emplazamientos

La correcta selección y optimización del emplazamiento donde se van a ubicar los paneles y demás elementos de una instalación fotovoltaica es fundamental de cara su adecuada integración arquitectónica e incluso a su rendimiento.

2.1. Emplazamientos rurales (techos de granjas, campos fotovoltaicos)

A continuación, se describen ciertas características constructivas de las instalaciones fotovoltaicas ubicadas en emplazamientos rurales.

Campos o huertas solares

Los campos o huertas solares son espacios con agrupaciones de paneles solares, fijos o giratorios. La radiación captada en los paneles genera energía eléctrica, que se suele verter directamente a la red eléctrica convencional.

Campo solar

Sabía que...

A pesar de que España es el país con más sol de Europa, aún no se tiene realmente conciencia del uso de la energía solar. En países como Alemania, que tienen condiciones solares muy inferiores a las nuestras, multiplican por 10 el número de instalaciones e inversiones en este sector con respecto a nuestro país.

El concepto de huerta proviene del "cultivo" de energía solar que se lleva a cabo en estas instalaciones.

El principal problema es que estas infraestructuras suelen tener un coste elevado, que pocos particulares pueden abordar sin ayuda ni aval. Por eso, los huertos solares suelen consistir en asociaciones de diversos particulares y/o empresas para construir una planta de generación de electricidad mediante placas fotovoltaicas, con el fin de bajar los costes de la instalación, al compartir infraestructuras.

Granjas y haciendas rurales

La instalación de placas solares suele tener gran importancia para viviendas aisladas como granjas y haciendas rurales, ya que, al estar aisladas de la red eléctrica, la utilización de la energía solar permite abastecer el autoconsumo eléctrico que necesitan.

El tamaño de los paneles solares dependerá fundamentalmente del consumo al que estén destinados (demanda eléctrica de la hacienda), por lo que se debe estudiar adecuada y previamente las especificaciones de la instalación.

En cuanto a la colocación, esta dependerá de la arquitectura y extensión de la granja o hacienda aunque, por lo general, los paneles suelen colocarse en los techos o cubiertas, para que no entorpezcan en las tareas que periódicamente se llevan a cabo en estos lugares.

Paneles solares instalados en la cubierta de una vivienda rural

2.2. Protección contra robos y actos vandálicos

Uno de los problemas que surge a la hora de instalar un panel solar es la fuerte inversión económica que ello supone. El elevado coste de los paneles y la colocación de estos en la intemperie, hace que sean un objetivo para las bandas criminales (robos, actos vandálicos, etc.).

Son conocidos los casos en que bandas criminales asaltan huertas solares para robar estas placas, que venderán posteriormente en el mercado negro extranjero. Esto hace necesario que los dueños de los paneles solares no escatimen en tomar las precauciones necesarias para proteger su propiedad.

En las instalaciones periféricas, es recomendable considerar medidas de protección perimetral que sean capaces de detectar intentos de acceso: sistemas de videovigilancia, transmisión y gestión de alarmas vía Web, etc.

Para las instalaciones colectivas o huertos solares, también se opta por la protección perimetral, pero más compleja: se crean varios perímetros con autonomía de gestión, siendo englobados dentro de otro más grande.

Existe una amplia variedad de dispositivos y sistemas de protección: detectores (detectan el intrusismo), unidades electrónicas de análisis (analizan las señales detectadas), sistemas de centralización a través de la red del perímetro IP, etc.

Por otro lado, las compañías de seguros (conocedoras de la situación) suelen ofrecer seguros exclusivos para estas instalaciones, que van desde los más simples (cubriendo el cercado o la valla) hasta los que ofrecen la reposición de la totalidad del coste de la instalación.

A continuación, se exponen algunos consejos para evitar el robo de paneles solares:

- Pegar los paneles con algún sellador al techo, lo cual no es muy recomendable, ya que reemplazarlos o darles mantenimiento será básicamente imposible.
- Integrar todos los paneles gracias a un rack, de este modo será muy difícil para los ladrones movilizar todos los paneles en una sola estructura.
- Colocar una alarma que suene cuando los paneles se desconecten del inversor, esto alertará a la comunidad y asustará al ladrón.
- Hacer que los paneles sean removibles, de este modo se tendrán que sacar y montar cada mañana, y guardarlos por la noche.

Aplicación práctica

Razone si la colocación de los paneles solares sobre mástiles altos puede suponer una medida de protección contra robos e indique qué inconveniente puede tener esta medida.

SOLUCIÓN

Además de la reducción de la influencia de sombras externas y la baja ocupación de la superficie donde se encuentre instalado, la protección contra robos es otra ventaja que presenta (debido al aumento de la dificultad de acceso) un panel instalado de esta forma.

Respecto a las desventajas, esta dificultad de acceso puede ser perjudicial a la hora de llevar a cabo cualquier tarea de mantenimiento en el panel. Otros inconvenientes que se pueden señalar son: riesgo de caída, incremento del coste de la instalación (mástil), etc.

2.3. Emplazamientos urbanos (techos de viviendas, fachadas, aparcamientos...)

Aunque los módulos fotovoltaicos pueden instalarse perfectamente en la mayoría de los edificios existentes, la mejor y más fácil integración arquitectónica se logra si se incluyen en el proyecto de un edificio de nueva construcción, circunstancia que debe exigirse al arquitecto diseñador de la casa, en el caso de que se esté interesado en ello.

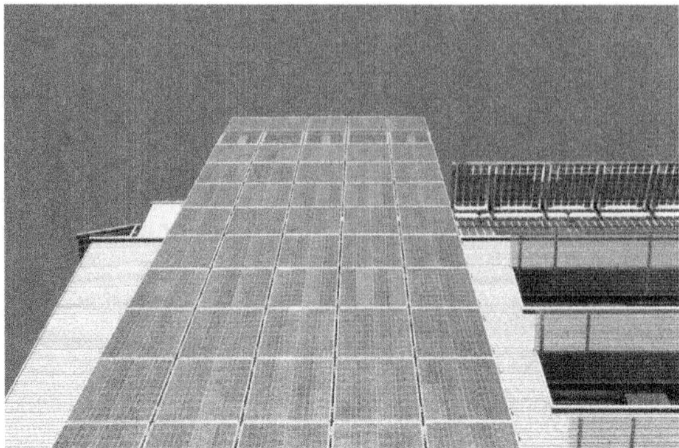

Edificio cuya fachada presenta paneles fotovoltaicos

En general, se habla de tejados fotovoltaicos aunque, a menudo, el generador fotovoltaico también se puede encontrar en un patio, en una terraza o en una fachada. En cualquiera de los casos, la integración de generadores fotovoltaicos en edificios facilita y abarata su instalación, puede mejorar el aislamiento del edificio y ahorra costes de construcción, ya que los módulos sustituyen a algunos elementos constructivos: revestimiento de fachadas y tejados, tejas, ventanas, etc.

De forma más avanzada, las células fotovoltaicas se pueden integrar en los elementos arquitectónicos, como módulos multifuncionales, que unen las cualidades de elemento constructivo, estética, generación de electricidad solar, producción de energía térmica y control de la luz diurna.

La integración de módulos fotovoltaicos en la edificación debería tener en cuenta adicionalmente los criterios de la arquitectura bioclimática y atender a las características particulares de cada climatología, de manera que se asegure que la temperatura de los módulos no se incremente sustancialmente, lo que disminuiría su eficacia; así como evitar que se produzcan acumulaciones de calor en el edificio, que pudieran forzar un significativo aumento del consumo de energía para refrigeración.

Si en el edificio existe una comunidad de propietarios, la instalación la puede realizar la propia comunidad (para uso común o de los propietarios individuales), o bien realizarla el propietario interesado para su propio uso, contando con el acuerdo de la comunidad.

Parking solar

Además de las instalaciones en edificios, los denominados *parking* **solares** constituyen otra aplicación de la energía solar fotovoltaica en la implantación urbana, y están orientados a aprovechar al máximo posible los espacios dedicados a tapar el sol. El método consiste en la instalación de paneles solares en el techo de los aparcamientos, para así conseguir mayores beneficios. Por lo general, las placas se pueden montar y desmontar fácilmente (enrollables), pudiéndose colocar, por ejemplo, solo en verano.

3. Dimensionado de los emplazamientos por utilización y aplicación

El dimensionado de una instalación fotovoltaica consiste en calcular las características de los elementos y, en general, la instalación que deberá tener para la aplicación a la que esté destinada.

En cuanto a la utilización y aplicación, se pueden distinguir dos grandes tipos de dimensionado:

- Dimensionado de instalaciones conectadas a red.
- Dimensionado de instalaciones aisladas.

3.1. Dimensionado básico de una instalación aislada. Recomendaciones de diseño

Para dimensionar adecuadamente una instalación fotovoltaica aislada, es necesario conocer la demanda de energía por parte del usuario, la energía solar real disponible y, a partir de estos datos, calcular el tamaño de los distintos componentes de la instalación.

Los pasos a seguir son los siguientes:

1. Realizar una estimación detallada del consumo de energía eléctrica diaria media, a lo largo del año.
2. A partir de una tabla que permita calcular la radiación diaria media mensual sobre superficies inclinadas 0-90° (HSP), se determina la orientación e inclinación óptimas de campo fotovoltaico, acorde con la demanda energética prevista.

   Para ello, se calcula la diferencia **consumo de energía – radiación incidente** para todas las posibles inclinaciones y meses del año. Se considera como peor mes aquel cuyo resultado es mayor, y la inclinación adecuada para el mes elegido será aquella que maximiza la radiación recibida en dicho mes. De esta forma, se obtiene la producción de energía media diaria generada mensualmente por el campo fotovoltaico, para la orientación sur e inclinación más óptima.
3. Se selecciona una configuración de componentes determinada, en función del tipo de cargas y de la distancia que exista entre los puntos de generación y de consumo.
4. Se descuentan, de la energía eléctrica obtenida por el generador, las pérdidas previstas en cableado, baterías e inversor, y las pérdidas por acoplamiento del generador fotovoltaico con las baterías. En total, se puede cuantificar alrededor del 30 % de la energía eléctrica que se estime obtener.

   Cuando se acopla un generador fotovoltaico a una batería, esta es la que marca el punto de funcionamiento (V) del generador, el cual no suele coincidir con el punto de máxima potencia. Esto da lugar a que la energía eléctrica producida por la instalación se vea reducida (del orden del 10 %). Para minimizar estas pérdidas, se debe determinar, de la forma más exacta posible, el número de módulos en serie de acuerdo con las condiciones de radiación y temperatura del lugar, así como elegir el módulo adecuado. El regulador debe programarse de acuerdo a las tensiones de corte de las baterías, y se debe seleccionar un inversor con un rendimiento y ajuste respecto a la potencia demandada.

5. La energía real que la instalación es capaz de producir, debe ser, en todos los meses, igual o superior a la demanda energética.

A partir de este valor, se determina la potencia del generador fotovoltaico, el tamaño del regulador, baterías e inversor y la sección de cableado correspondiente, siguiendo las siguientes recomendaciones:

- La tensión de trabajo del campo solar (12, 24 o 48 V), se debe seleccionar de acuerdo a criterios de seguridad y teniendo en cuenta la potencia del inversor a instalar. El diseño del campo fotovoltaico estará limitado por la tensión de trabajo elegida de la instalación.

- La intensidad máxima del regulador será algo superior a la intensidad de cortocircuito del generador en condiciones normales, aunque el tipo de configuración determinará el valor final.

- Es recomendable que la batería tenga, al menos, entre 5-10 días de autonomía. Se asegurará que se cumplan las indicaciones del fabricante respecto al uso y su profundidad máxima de descarga, para que el paso del tiempo no afecte a la duración de la batería.

- La potencia del inversor elegido debe ser, como máximo, parecida a la suma de las potencias de todas las cargas (se supone que todos los equipos de consumo no van a funcionar a la vez). A partir de este valor, se puede incrementar su tamaño con un factor de seguridad del 20 %. Hay que tener en cuenta que si se sobredimensiona, esto puede llevar a que el inversor funcione a un rendimiento muy bajo la mayor parte del tiempo de uso.

Por último, es conveniente evitar utilizar equipos de consumo que transformen electricidad en calor (estufas, radiadores, etc.). Esto se debe a las enormes pérdidas de rendimiento que se producen en las continuas transformaciones de energía, y al elevado consumo de este tipo de aparatos (aumentaría de forma considerable el tamaño de la instalación).

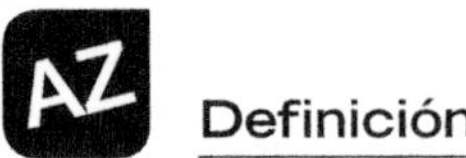

Definición

Horas de pico solar (HSP)

Se denomina HSP al número de horas al día que, con una radiación solar ideal (1.000 W/m^2), proporciona la misma radiación solar total que la real de ese día.

Este concepto se explica gráficamente a continuación:

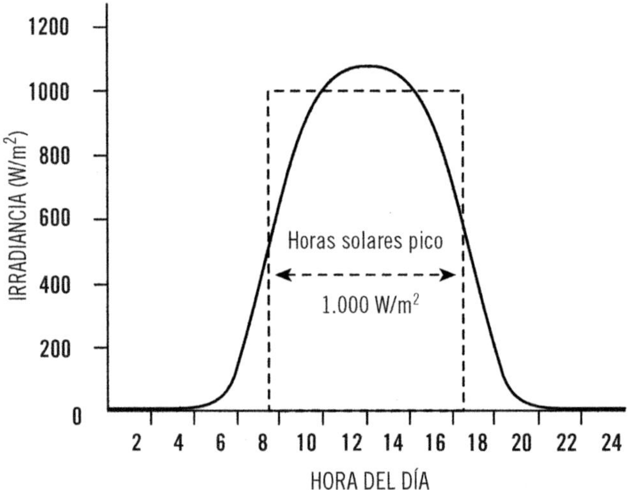

3.2. Dimensionado básico de una instalación conectada a red. Recomendaciones de diseño

A continuación, se enumeran las principales recomendaciones a tener en cuenta en el proceso de diseño de una instalación fotovoltaica conectada a red:

1. El criterio a considerar a la hora de diseñar una instalación fotovoltaica conectada a red, dependerá de los siguientes factores:

   ■ Potencia máxima a instalar (potencia pico Wp).
   ■ Potencia en inversores (potencia en la inyección a la red W).

- Superficie disponible (superficie en m^2 e inclinación prefijadas) $(150\ W \sim 1\ m^2)$.
- Costes (existencia de presupuesto prefijado).

2. Una vez seleccionado el tamaño de la instalación o potencia pico, la orientación e inclinación recomendada será aquella que maximice la producción energética anual.
3. Una vez seleccionado el módulo fotovoltaico, se diseña su modo de conexión junto con la elección del inversor.
4. Se realizará un cálculo de prestaciones energéticas de la instalación, en base a los datos de radiación disponibles (HSP). En este cálculo, se deben tener en cuenta las pérdidas del sistema:

- En el generador fotovoltaico (suciedad, conexiones, punto de trabajo de cada subcampo, transmitancia, eficiencia a baja radiación, temperatura de operación de la célula, etc.).
- En el inversor (rendimiento y seguimiento del punto de potencia máxima) y en el cableado.

Como resultado del balance de energía, la energía diaria estimada que sea capaz de generar una instalación fotovoltaica conectada a la red, vendrá determinada por la expresión:

$$EFV\ (kWh) = Potencia\ instalada\ (Wp)\ x\ HSP\ x\ Factor\ de\ pérdidas$$

Para diseñar el campo fotovoltaico y seleccionar el inversor adecuado, es recomendable tener en cuenta:

- Elegir el módulo adecuado y diseñar las conexiones serie-paralelo de estos, teniendo en cuenta que el inversor seleccionado tendrá mejor rendimiento si el campo fotovoltaico trabaja a tensiones mayores que si lo hace a tensiones menores. La tensión de trabajo vendrá determinada por el número de módulos conectados en serie.

- El número de módulos en paralelo será el resultado de dividir el número total de módulos entre el número de módulos en serie (ya elegido).
- Para obtener un acoplamiento adecuado entre el generador fotovoltaico y el inversor, la relación de potencias recomendable es:

$$W / Wp \sim 0,8$$

- En el caso de querer asegurar la producción, se puede subdividir el campo fotovoltaico en varios subcampos, con sus correspondientes inversores.
- El inversor deberá seleccionarse teniendo en cuenta el rango de tensiones de trabajo de entrada y salida, comprobando que incluye la tensión de salida del campo fotovoltaico y atendiendo siempre a las recomendaciones del fabricante.

4. Cálculo de consumos

Un aspecto muy importante a tener en cuenta a la hora de comenzar con el dimensionado de una instalación fotovoltaica aislada, es la estimación detallada del consumo diario medio mensual a lo largo del año.

4.1. Cálculo de la demanda de energía

Para estimar la demanda de energía diaria media mensual en Wh, se debe multiplicar la potencia de cada equipo por el número de horas de funcionamiento diarias media mensual del mismo. Como las horas de funcionamiento pueden ser diferentes en los distintos meses, es necesario realizar dicho cálculo para todos los meses del año.

 **Aplicación práctica**

Calcule (completando la tabla) el consumo diario total, para un mes concreto, de los equipos que constituyen la instalación de una vivienda. Para ello, se facilitan los datos de la potencia unitaria (la que consume un elemento) de los equipos que constituyen la vivienda y las horas que funcionan al día.

Equipo	Potencia unitaria (W)	Potencia Total (W)	Horas de funcionamiento diario (h)	Consumo diario (Wh)
Lámpara comedor-cocina (3 unidades)	12 W		2 h	
Lámpara de aseo (1 unidad)	12 W		2 h	
Lámpara dormitorio (2 unidades)	12 W		1 h	
Frigorífico (1 unidad)	50 W		12 h	
TV (1 unidad)	60 W		4 h	
Toma de corriente (1 unidad)	120 W		0.5 h	
Total				

SOLUCIÓN

Para completar la columna Potencia (W), es necesario multiplicar la potencia unitaria de cada elemento por el número de elementos de ese tipo que se tiene: por ejemplo, una lámpara consumirá 12 W, mientras que tres consumirán 36 W.

Para calcular el consumo diario total (Consumo diario (Wh)), es necesario multiplicar la potencia correspondiente por sus horas de funcionamiento. Por ejemplo, 3 lámparas consumen 36 W en una hora, pero si estuvieran encendidas dos horas consumirían el doble (72 W).

Continúa en página siguiente >>

<< Viene de página anterior

Finalmente, para calcular el consumo total en un día, basta con sumar los resultados de la columna Consumo diario (Wh).

Equipo	Potencia unitaria (W)	Potencia Total (W)	Horas de funcionamiento diario (h)	Consumo diario (Wh)
Lámpara comedor-cocina (3 unidades)	12 W	3 · 12 = 36 W	2 h	2 · 36 = 72 Wh
Lámpara de aseo (1 unidad)	12 W	12 W	2 h	12 · 2 = 24 Wh
Lámpara dormitorio (2 unidades)	12 W	2 · 12 = 24 W	1 h	24 Wh
Frigorífico (1 unidad)	50 W	50 W	12 h	50 · 12 = 600 Wh
TV (1 unidad)	60 W	60 W	4 h	60 · 4 = 240 Wh
Toma de corriente (1 unidad)	120 W	120 W	0,5 h	120 · 0,5 = 60 Wh
Total	**1020 Wh**			

De los equipos indicados en la aplicación práctica anterior, el que consume más energía es el frigorífico. Si es eléctrico, este electrodoméstico debe ser de la máxima eficiencia (etiquetado energético tipo A), ubicarlo en un lugar fresco y ventilado, y darle un uso eficiente. En caso de no poder cumplir esto, es más eficiente adquirir uno de butano.

Recuerde

Es importante recordar que no deben conectarse a una instalación fotovoltaica los dispositivos que transformen electricidad en calor (dispositivos generadores de calor), como estufas, radiadores, planchas, tostadoras, etc.

Cuando el cliente desea una abastecimiento total, sin disminución del consumo de energía previsto y con total garantía, es necesario sobredimensionar en exceso la instalación fotovoltaica o incluir otro sistema de producción energético alternativo, como un grupo electrógeno o eólico (sistemas híbridos).

5. Dimensionado de almacenamiento

Uno de los cálculos básicos de una instalación fotovoltaica corresponde al cálculo de los Amperios – hora (Ah) de capacidad que ha de tener el acumulador de la instalación. Este cálculo solo tiene sentido en el caso de dimensionar una instalación fotovoltaica aislada, ya que las que están conectadas a red no necesitan disponer de estos elementos.

5.1. Cálculo de la capacidad de acumulación

El concepto de **día de autonomía** corresponde al hecho de que, produciéndose un día sin radiación solar, el acumulador pueda proporcionar al receptor la corriente necesaria para su perfecto funcionamiento durante las horas previstas en el diseño.

El número de días de autonomía que se debe dar a una instalación, estará marcado por dos factores fundamentales, que son la seguridad que necesite la instalación y la posibilidad estadística de producirse días nublados consecutivos. Este último factor está íntimamente ligado al lugar de situación. Cuanto mayor sea la seguridad deseada ante un posible fallo, mayor ha de ser el número de días de autonomía.

Baterías

La profundidad de descarga que se produce en la batería durante la descarga nocturna y en una descarga excepcional (al producirse unos días de mal tiempo), representa un dato fundamental para el cálculo de la capacidad de acumulación. No obstante, el valor de la descarga máxima se debe definir en función del tipo de batería que se utilice.

En determinadas instalaciones donde el frío es muy intenso, se debe tener en consideración este hecho si las bajas temperaturas se mantienen durante varios días, pues la capacidad de una batería disminuye drásticamente con el frío, e incluso se incrementa la posibilidad de congelación del electrolito si el estado de carga, al cual se encuentra el acumulador, es bajo. Por este motivo, la introducción en los cálculos de unos días de autonomía extra, o bien, el incremento de un tanto por ciento supletorio a la capacidad calculada, evitaría la posibilidad de un fallo producido por efecto de bajas temperaturas. La elección de este factor de seguridad adicional se tomaría a la vista de los datos del fabricante del acumulador respecto a la disminución de temperatura, así como por las temperaturas mínimas producidas en la zona.

Para completar totalmente el cálculo de la batería, bastará buscar en las tablas de modelos de los diferentes fabricantes hasta encontrar aquel acumulador que posea una capacidad igual o algo superior a la calculada, definiendo el modelo y número de elementos a utilizar en la instalación.

Se debe tener en cuenta que lo ideal para un acumulador es disponer de la capacidad total a la tensión de trabajo nominal, debiendo rechazar, en principio, la posibilidad de acoplar acumuladores en paralelo, ya que disminuye la fiabilidad.

 **Importante**

En general, el uso de más de dos baterías en paralelo se puede considerar peligroso. No obstante, no es así cuando estas mismas baterías se conectan en serie.

6. Dimensionado de una instalación con apoyo de aerogenerador y/o grupo electrógeno

A veces, la demanda energética puede presentar un perfil muy variable que exige, en momentos muy puntuales, una gran cantidad de energía, mientras que en otros momentos la demanda es mucho menor. Por esta razón, en estas aplicaciones es adecuado instalar sistemas híbridos o mixtos que dispongan de generadores adicionales de apoyo, como los eólicos o los grupos electrógenos.

6.1. Sistema solar fotovoltaico con un grupo electrógeno de pequeña potencia

Este sistema no utiliza únicamente fuentes renovables, y es el único que es capaz de generar electricidad en cualquier momento, en cualquier lugar, donde se necesite y con una muy amplia gama de potencias.

Este sistema es ideal para funcionar como sistema auxiliar para momentos de déficit en una instalación diseñada únicamente con un sistema fotovoltaico, o bien para cubrir determinados consumos que, por su elevada potencia, se prefiere que no pasen a través del mismo.

La potencia del grupo electrógeno dependerá de la función a la que va destinado, siendo la potencia mínima la suma de las potencias de los aparatos que constituyen la carga.

Por lo general, el grupo electrógeno se utiliza en lugares donde existe un bajo potencial eólico y cuando se desea garantizar la totalidad de la demanda energética, sobre todo en los casos en los que existan picos a lo largo del año.

En las instalaciones con grupo electrógeno, cuando arranca el grupo, debe cargarse la batería y solo debe ser arrancado cuando la instalación solar no pueda suministrar energía.

 **Sabía que...**

Actualmente, se proyectan sistemas híbridos en los que las fuentes renovables y el almacenamiento proporcionan hasta un 80–90 % de la necesidad energética, dejando al diésel (electrógeno) solo la función de emergencia.

Elección de un grupo electrógeno

La correcta elección del grupo electrógeno es fundamental para conseguir el máximo aprovechamiento de la inversión, minimizando problemas y optimizando el gasto.

Conociendo el consumo (W) de las cargas que se van a conectar a la vez, dicho consumo se multiplica por un coeficiente (llamado "de seguridad") que va del 1,4 para trabajo normal a 1,6 para trabajo pesado, entendiéndose por pesado aquel donde el uso sea superior a tres horas continuas o con temperaturas mayores de 28 °C.

Se debe elegir siempre la potencia inmediata superior al valor obtenido, ya que trabaja con valores máximos.

6.2. Sistema solar fotovoltaico con energía eólica

Se contempla esta posibilidad cuando, en el lugar donde se localice la instalación, haya presencia de viento y sol. Estas condiciones no se dan en todas partes, por lo que es necesario conocer con detalle el potencial eólico y solar de un lugar antes de tomar la decisión de instalar esta configuración.

Elección de la turbina eólica

Las turbinas para aplicaciones residenciales suelen estar en el rango de 1 kW hasta 10 kW (para cargas muy grandes), dependiendo de la cantidad de electricidad que se desee generar.

Para un dimensionamiento adecuado, es recomendable definir las necesidades de energía (consumo de cargas) para establecer el tamaño adecuado del aerogenerador. Esta información, junto con la velocidad de viento del lugar, contribuye a decidir cuál es el tamaño de turbina eólica más adecuado a las necesidades de electricidad.

También es importante considerar la máxima velocidad de viento a la que la turbina puede trabajar de forma segura, aunque la mayoría de ellas cuentan con sistemas de control para evitar que giren a altas velocidades (cuando existen vientos muy intensos) y sufran algún desperfecto.

6.3. Sistema solar fotovoltaico con energía eólica y grupo electrógeno

Este tipo de sistema combina los generadores solar, eólico y electrógeno, conectados mediante un rectificador/cargador que se conecta a las baterías.

7. Cálculo y dimensionado de una instalación fotovoltaica mediante soporte informático u otros medios

El correcto dimensionado de una instalación fotovoltaica es fundamental para lograr una buena eficiencia. Existen herramientas informáticas que son de gran utilidad, ya que son capaces de efectuar el dimensionado de instalaciones de energía solar, generando los cálculos correspondientes a partir de las características de la instalación.

En este tema, se verán algunos métodos de cálculo (analíticos e informáticos) de los componentes fundamentales que constituyen una instalación fotovoltaica.

7.1. Caracterización de las cargas

En cualquier software de cálculo fotovoltaico, lo primero que se hace es introducir en la aplicación los datos o características de la instalación fotovoltaica que se desee calcular.

Las características de las cargas es una información muy importante que se debe suministrar al programa, ya que, en base a la demanda de estas, se dimensiona la instalación.

Recuerde

La caracterización de las cargas en este tipo de dimensionado (y en cualquier otro) solo tiene sentido en las instalaciones fotovoltaicas autónomas.

A la hora de proporcionar información sobre las cargas conectadas a la instalación, es necesario conocer los siguientes datos:

- Potencia de la carga.
- Tiempo de funcionamiento.
- Tipo de corriente que consuma (alterna o continua).

En base a esta información, el programa calculará el consumo total de cada carga.

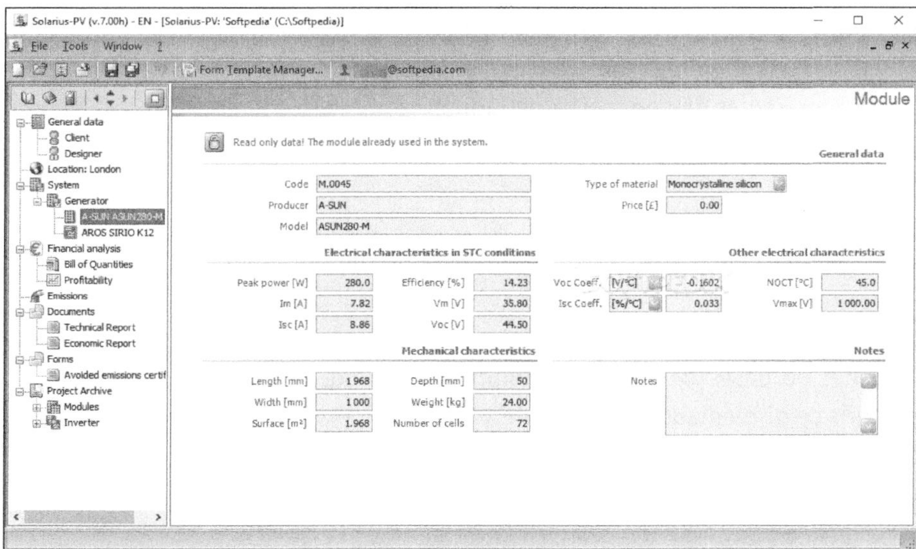

Ejemplo de software de dimensionamiento fotovoltaico: Solarius PV

7.2. Cálculo de la potencia de paneles

Para el cálculo de la energía producida por el generador fotovoltaico, es necesario especificar al programa la comunidad autónoma en la que se encuentre la instalación a dimensionar. Normalmente, estos programas poseen una base de datos que permite seleccionar la localización entre las contenidas en la misma, a las que se les asocia datos de radiaciones medias, por lo que la localización de la instalación determinará la radiación media que el panel recibirá y, por tanto, la potencia que será capaz de generar.

En resumen, la producción diaria media mensual (E) del generador fotovoltaico se obtiene como producto de la potencia pico de los módulos (P_{FV}), por dos factores:

$$E = P_{FV} \cdot Z_2 \cdot Z_3$$

Donde:

Z_2 = Radiación diaria media mensual sobre superficie horizontal (varía con las diferentes localidades de España).

Z_3 = Factor de corrección de la inclinación y la orientación (varía con la localidad y el mes).

7.3. Elección del panel. Diseño y dimensionado del acumulador

A la hora de seleccionar el panel de la instalación, estos programas suelen disponer de bases de datos con multitud de modelos reales, que se pueden adquirir en el mercado. No obstante, se pueden añadir paneles y módulos que no aparezcan en la base de datos (indicando las características necesarias para el cálculo).

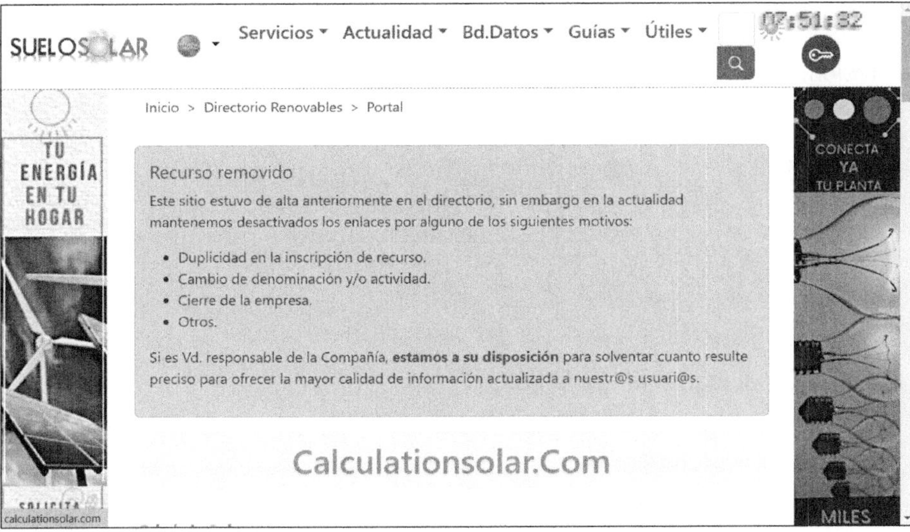

Ejemplo de herramienta online para el cálculo de instalaciones fotovoltaicas aisladas (CalculationSolar)

A la hora de calcular el sistema de batería, el programa generará los Ah totales y necesarios para satisfacer la demanda de acumulación.

Definición

Máxima Profundidad de Descarga

Es el nivel máximo de descarga que se permite a la batería antes de la desconexión del regulador, para proteger la duración de la misma. En baterías estacionarias de plomo-ácido, un valor adecuado de este parámetro es 0,7.

Días de Autonomía

Es el número de días consecutivos que, en ausencia de sol, el sistema de acumulación es capaz de atender el consumo, sin sobrepasar la profundidad máxima de descarga de la batería. Los días de autonomía posibles dependen, entre otros factores, del tipo de instalación y de las condiciones climáticas del lugar.

El cálculo de la capacidad total de la batería, se efectúa con la siguiente expresión:

$$C_n = (W \cdot F) / (U_n \cdot P_d)$$

Donde:

C_n: Capacidad total de la batería (Ah).

W: Consumo diario medio de energía (Wh/d).

F: Días de autonomía.

U_n: Tensión nominal de la batería (V).

P_d: Profundidad de descarga de la batería.

7.4. Dimensionado del regulador

A la hora de dimensionar un regulador, el objetivo fundamental es obtener la máxima intensidad a circular por la instalación. Para ello, se deberá calcular la corriente que produce el generador y la corriente que consume la carga, y la máxima de ambas será la que deba soportar el regulador en funcionamiento.

La intensidad de corriente que produce el generador es:

$$I_G = I_R \cdot N_R$$

Siendo:

I_G: Corriente producida por el generador (A).

I_R: Corriente producida por cada rama en paralelo del generador (A).

N_R: Número de ramas en paralelo del generador.

La intensidad que consume la carga se determina teniendo en cuenta todos los consumos al mismo tiempo:

$$I_c = P_{DC} / V_{bat} + P_{AC} /230$$

Donde:

I_c: Corriente que consume la carga (A).
P_{DC}: Potencia de las cargas en DC (W).
V_{bat}: Tensión nominal de la batería (V).
P_{AC}: Potencia de las cargas en AC (W).

De estas dos corrientes, la máxima de ambas será la que el regulador deberá soportar, y será la que se utilice para su elección.

7.5. Dimensionado del cargador de baterías

Los cargadores de baterías se utilizan para recargar de energía las baterías, en caso de descarga de las mismas.

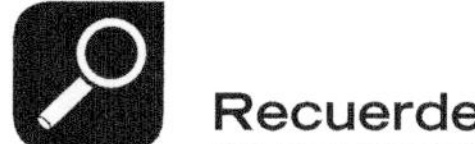

Recuerde

Existen inversores que pueden actuar como cargadores de baterías, los cuales se denominan "rectificadores".

A la hora de dimensionar estos dispositivos, es recomendable que el amperaje de carga sea, al menos, del 10 al 20 % de la capacidad total del grupo de baterías.

7.6. Dimensionado del inversor

A la hora de calcular o dimensionar analíticamente un inversor, es necesario tener en cuenta que la tensión de entrada en el inversor de una instalación fotovoltaica no será siempre constante, por lo que el inversor debe ser capaz de transformar distintas tensiones continuas dentro de un determinado rango. Ese rango suele ser de un 15 %.

El valor de la tensión nominal es un dato de referencia dentro del intervalo de actuación, que sirve para identificar el tipo de convertidor.

Para dimensionar el inversor, se debe considerar la potencia que demande la carga CA, de forma que se elegirá uno cuya potencia nominal sea algo superior a la máxima.

 **Recuerde**

Características de funcionamiento que definen un inversor o convertidor DC – AC:

I Potencia Nominal (kW).
I Tensión Nominal de Entrada (V).
I Tensión Nominal de Salida (V).
I Frecuencia de operación (Hz).
I Rendimiento (%).

7.7. Dimensionado y cálculo del aerogenerador y/o grupo electrógeno de apoyo

En el ámbito de la fotovoltaica, existen algunas aplicaciones informáticas que permiten el cálculo de elementos de apoyo, como los aerogeneradores y grupos electrógenos.

Para el dimensionado, es fundamental determinar la potencia que van a suministrar estos generadores.

Potencia del grupo electrógeno

Para calcular la potencia necesaria del grupo electrógeno, hay que conectar todos los consumos posibles de forma simultánea, después, se mide el consumo con un amperímetro.

La fórmula de la potencia a consumir de un grupo electrógeno trifásico, es la siguiente:

$$P \ (kW) = U \ (Volt) \ x \ I \ (Amper) \ x \ 1.732 \ x \ cos\_/1000$$

Donde:

P: Potencia consumida.
U: Tensión entre fases.
I: Corriente por cada fase.
cos_: Factor de potencia de las fases.

Potencia del aerogenerador

El cálculo de la potencia que puede suministrar un aerogenerador es más complejo de realizar analíticamente, debido a la gran cantidad de factores que intervienen en el resultado de esta variable (fuerza del viento, aspas, densidad del aire, localización, etc.). Por esta razón, es recomendable utilizar aplicaciones informáticas que permitan obtener este cálculo.

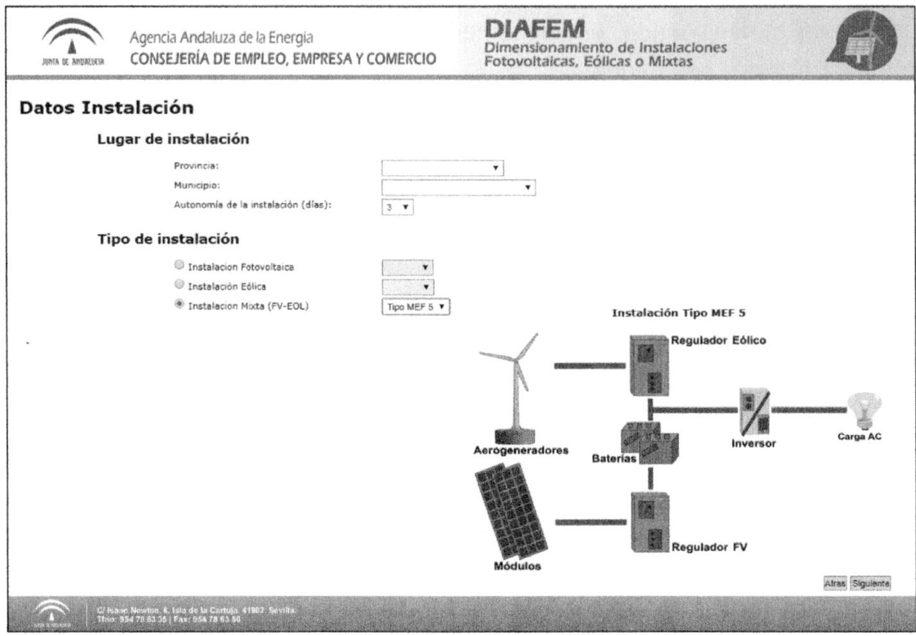

DIAFEM, herramienta de cálculo para el diseño de instalaciones fotovoltaicas, eólicas o mixtas.

Aplicación práctica

A la hora de dimensionar una instalación fotovoltaica, ¿qué es lo primero que se debe determinar? Razone la respuesta.

SOLUCIÓN

Lo primero que debe hacerse es la estimación de los consumos eléctricos que vayan a operar de forma continua en la instalación, ya que la magnitud de estos consumos determinará los requisitos y la dimensión de los componentes de la instalación.

8. Resumen

El aprovechamiento del espacio y la elección de ubicaciones adecuadas es otro factor importante a la hora de instalar un panel o paneles fotovoltaicos. En este capítulo, se han citado algunos emplazamientos típicos, así como los sistemas de seguridad que se deben tener en cuenta para preservar la integridad de una instalación fotovoltaica.

Existen dos grandes tipos de emplazamientos fotovoltaicos: las instalaciones aisladas y las conectadas a red. Para dimensionar cada una de estas instalaciones, se deben tener en cuenta algunos aspectos y recomendaciones fundamentales, para obtener el máximo rendimiento.

La estimación del consumo de la carga conectada a una instalación fotovoltaica es un factor muy importante a la hora de comenzar el cálculo de la misma, ya que es necesario determinar la potencia necesaria para, en base a esta, seleccionar los componentes y el dimensionado en general.

Existen dos datos fundamentales a la hora de dimensionar el sistema de acumulación de una instalación fotovoltaica: los días de autonomía y la profundidad de descarga. En base a estos datos, se puede calcular la capacidad de acumulación, que es básica en el dimensionado de cualquier batería.

La elección de generadores de apoyo, como los grupos electrógenos y los aerogeneradores, es una buena opción (siempre que sea factible) para complementar la producción de energía eléctrica en una instalación fotovoltaica. En caso de instalar algún generador de apoyo, este debe ser, como todo elemento de la instalación, previamente dimensionado.

Al proceder al dimensionado de una instalación fotovoltaica, es posible decantarse por aplicaciones informáticas que generan los cálculos necesarios, a partir de cierta información (de la instalación) que el usuario introduce en el programa.

En este capítulo se han mostrado algunos ejemplos de software de este tipo, así como algunas indicaciones en el cálculo de los componentes de las instalaciones fotovoltaicas.

Ejercicios de repaso y autoevaluación

1. **Los espacios con agrupaciones de paneles solares (fijos o giratorios) se denominan...**

   a. ... colectores solares.
   b. ... campos o huertas solares.
   c. ... módulos solares.
   d. Todas las opciones son incorrectas.

2. **Determine si las siguientes oraciones son verdaderas o falsas.**

   a. Los denominados *"parking solares"* están orientados a aprovechar al máximo posible los espacios dedicados a tapar el sol. El método consiste en la instalación de paneles solares en los laterales de los aparcamientos, para así conseguir mayores beneficios.

   ☐ Verdadero
   ☐ Falso

   b. Cuando un generador fotovoltaico se acopla a una batería, esta limita el punto de máxima potencia del generador.

   ☐ Verdadero
   ☐ Falso

   c. La energía real que la instalación es capaz de producir debe ser, en todos los meses, lo más parecida posible a la demanda energética.

   ☐ Verdadero
   ☐ Falso

3. **En el dimensionado de una instalación fotovoltaica aislada, ¿qué tipo de pérdidas han de considerarse?**

   a. Las de cableado, baterías, inversor y las pérdidas por reflexión del panel.
   b. Las de cableado, baterías y las pérdidas por acoplamiento del generador fotovoltaico con las baterías.

    c. Las de cableado, baterías e inversor, y las pérdidas por acoplamiento del generador fotovoltaico con las baterías.

    d. Las del inversor y las pérdidas por acoplamiento del generador fotovoltaico con las baterías.

4. Señale una posible solución en caso de que se desee asegurar la producción eléctrica en una instalación fotovoltaica.

---

5. Complete la siguiente tabla de consumos:

Equipo	Potencia unitaria (W)	Potencia Total (W)	Horas de funcionamiento diario (h)	Consumo diario (Wh)
Equipo A (3 unidades)	10 W		3 h	
Equipo B (1 unidad)	20 W		1 h	
Equipo C (2 unidades)	30 W		3 h	
Equipo D (1 unidad)	60 W		2 h	
Equipo D (1 unidad)				

6. Defina el concepto "días de autonomía", en el ámbito fotovoltaico.

---

7. Complete la siguiente oración.

En general, el uso de más de dos baterías _______________________ se puede considerar peligroso. No obstante, no es así cuando estas mismas baterías se conectan en _______________.

8. El arranque de un grupo electrógeno, debe hacerse...

   a. ... siempre que se ponga en funcionamiento la instalación solar.
   b. ... cuando la instalación solar no pueda suministrar energía.
   c. ... cuando el aerogenerador deje de funcionar.
   d. ... en el momento en que exista el mínimo sombreado en el panel.

9. Explique cómo se dimensiona un regulador.

10. A la hora de calcular la potencia de un grupo electrógeno, ¿qué es lo primero que hay que hacer?

   a. Comprobar que exista en ese momento radiación solar.
   b. Analizar las propiedades del combustible.
   c. Conectar todas las cargas.
   d. Adquirir una aplicación que permita realizar este tipo de cálculos.

Capítulo 4

Representación simbólica de instalaciones solares fotovoltaicas

Contenido

1. Introducción

El dibujo en la tecnología y las técnicas que lo transforman no son solo un medio, sino también una necesidad para comunicar, traducir y reproducir las realizaciones de la tecnología.

Para poder trabajar con medios, instrumentos y técnicas del dibujo y el diseño, es necesario establecer unas bases comunes. Estas bases son las que ayudan a transmitir ideas de forma esquemática, que pueden ser reproducidas por otras personas.

2. Sistema diédrico y croquizado

Los sistemas de representación ayudan a mostrar, sobre una superficie bidimensional, cualquier objeto en el espacio. En este apartado se estudiará brevemente el sistema diédrico, así como el croquizado de piezas y elementos.

2.1. Dibujo de croquis para proyectos tecnológicos

Un **croquis** es la representación de una pieza, instalación o elemento a lápiz y a mano alzada, en el que se detallan todas sus formas y dimensiones de una manera rápida. Aunque el croquis no es un dibujo a escala, es conveniente que sus medidas y líneas sean proporcionales a las reales.

El croquizado tiene mucha importancia en el dibujo industrial, debiendo ser limpio y claro, haciendo constar en él todos los datos, ya que, en determinados casos, puede servir para la fabricación de la pieza o para elaborar la representación exacta de la misma.

Croquis de una pieza acotada

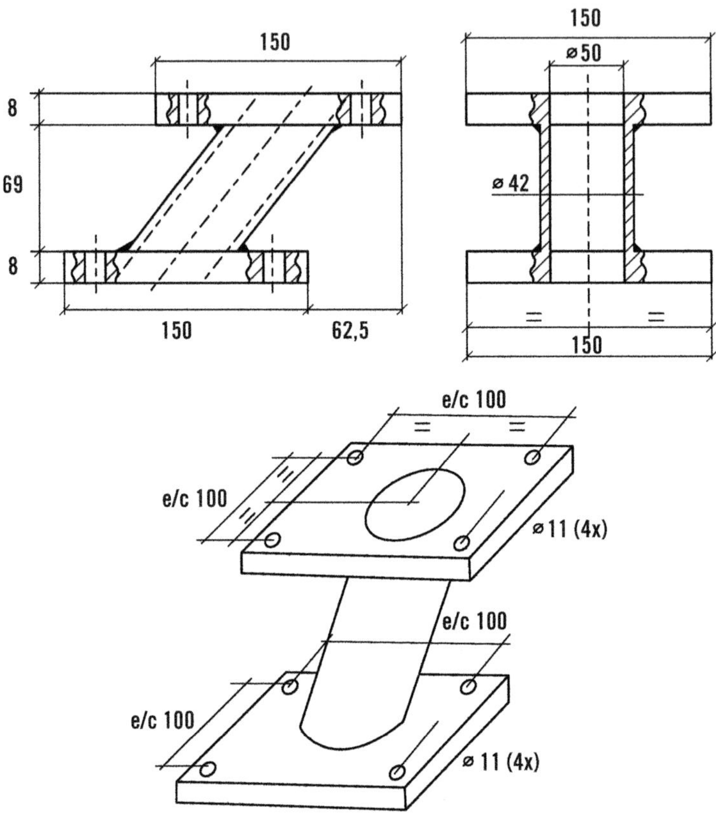

Un croquis se considera completo cuando en él se encuentran todos los datos, como las acotaciones (con sus correspondientes medidas), las clases de material, las tolerancias y todos los demás datos necesarios para poder definir y fabricar la pieza, mueble, instalación, etc.

Partiendo de un croquis, en el que se han anotado todos estos datos, es posible confeccionar un plano a escala, con ayuda de los útiles de dibujo.

El croquis debe ser limpio y claro, sin exceso de líneas, para facilitar su interpretación. Ha de realizarse de forma rápida y sin instrumentos de dibujo, pero esto no significa que tenga que hacerse a la ligera, ya que, a veces, el croquis debe servir para construir la pieza.

Consejo

Recomendaciones prácticas para croquizar:

- Trazar líneas rectas de izquierda a derecha (dirección de escritura). Este trazo recto se realiza con firmeza y rapidez.
- Para trazar circunferencias, trazar previamente los ejes perpendiculares, después marcar a partir del centro la distancia del radio y, por último, unir estos puntos con trazo de curva

Recuerde

El croquis representa una pieza hecha a lápiz y a mano alzada, en la que se detallan todas sus formas y dimensiones. Es, por tanto, un dibujo rápido.

2.2. Sistema diédrico. Vistas

El sistema diédrico se basa en la representación de una pieza tridimensional mediante proyecciones cilíndricas ortogonales (perpendiculares). Es un sistema de representación ortogonal y su estudio es de gran importancia, ya que es el sistema que más se utiliza en el campo del Dibujo Industrial.

El sistema diédrico está constituido por planos perpendiculares entre sí, y sobre cada uno de estos planos se hallan las proyecciones ortogonales del cuerpo o figura a representar. Uno de estos planos es horizontal y se representa por plano H, o bien, PH. El otro plano es vertical, se representa por V o por PV. La intersección de estos dos planos es una recta denominada Línea de Tierra y designada por LT.

Las proyecciones ortogonales sobre los planos de proyección vertical (PV) y horizontal (PH) definen la forma del objeto vista de frente (Alzado) y desde arriba (Planta).

En general, estas proyecciones no son suficientes para representar una pieza, por lo que se necesitan otros planos (en el dibujo, el plano adicional del la derecha es donde se proyecta el perfil de la pieza).

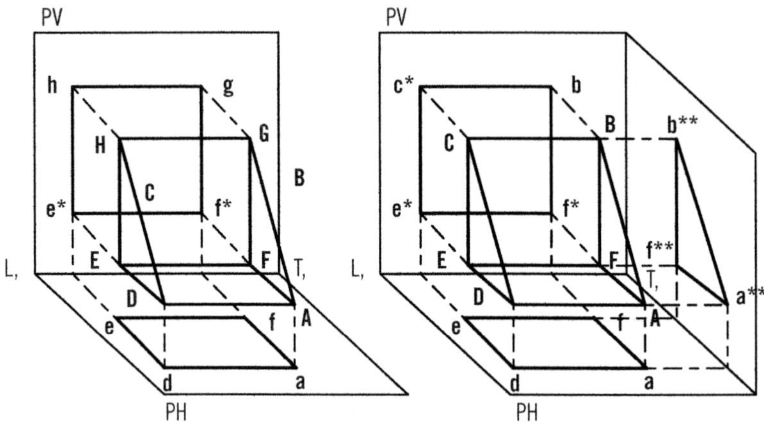

Este sistema de proyecciones ortogonales permite representar los elementos en planos determinados, de acuerdo a su forma y dimensiones reales.

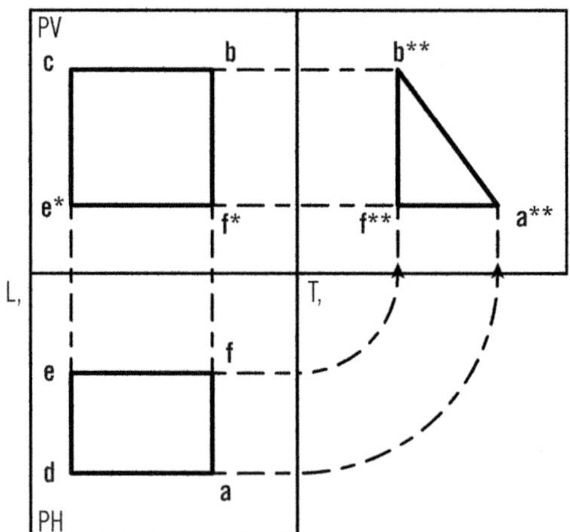

La imagen anterior corresponde a una representación en tres planos de proyección, pero existe la posibilidad de que esta se extienda a las seis caras interiores de un cubo, es decir, a la totalidad de planos ortogonales que determinan un espacio cerrado, como se puede ver en la siguiente imagen.

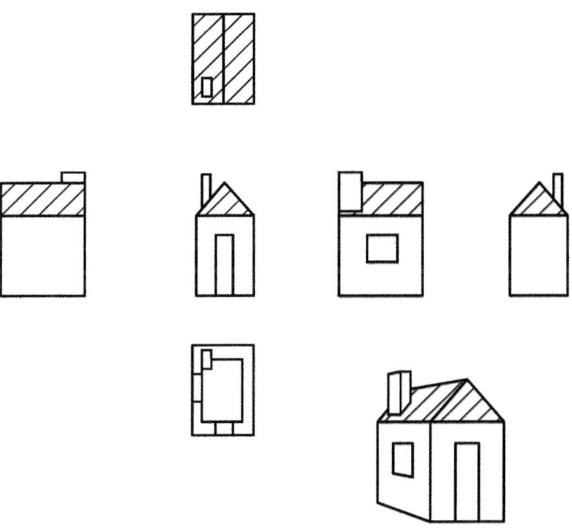

 **Definición**

Alzado
Es la cara de la pieza mirada desde frente. También se denomina "elevación".

Planta
Es la pieza mirada desde arriba.

Perfil
Es la pieza mirada desde el lado izquierdo del observador. Se denomina "perfil izquierdo".

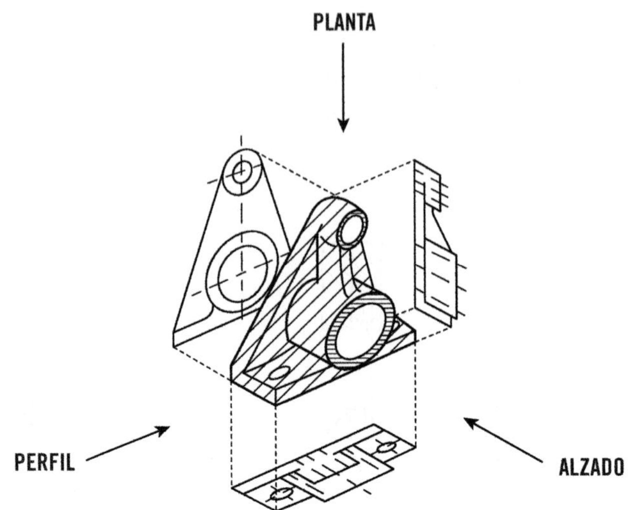

 Aplicación práctica

Realice un croquis del alzado y perfil de la siguiente figura:

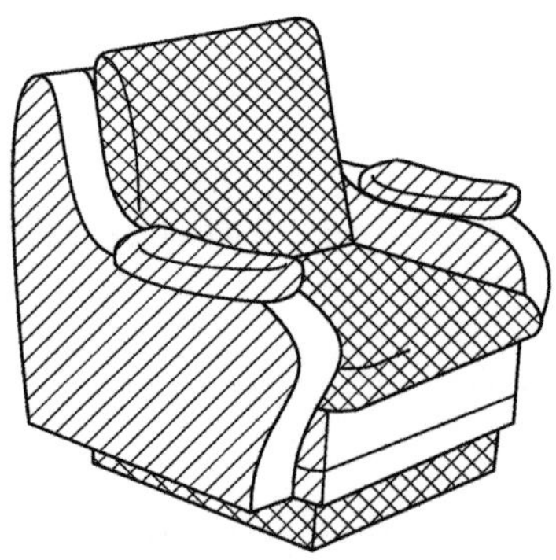

Continúa en página siguiente >>

<< Viene de página anterior

SOLUCIÓN

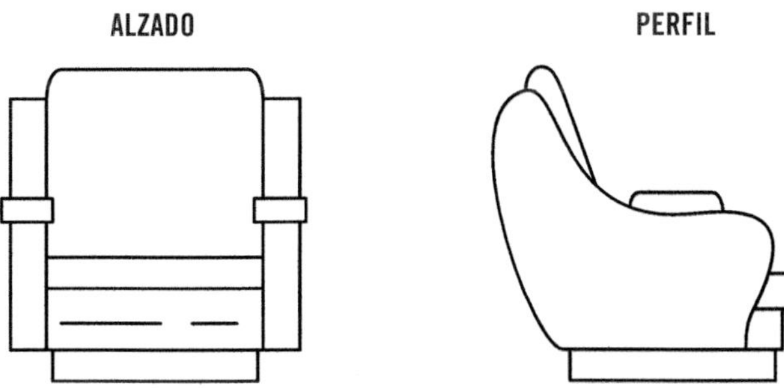

3. Representación en perspectiva de instalaciones

Todos los sistemas de representación se fundamentan en la Geometría Descriptiva: parte de la geometría que tiene como objetivo representar sobre el plano del dibujo los cuerpos del espacio, utilizando para ello las proyecciones.

Los principales sistemas utilizados son el Sistema Diédrico, el Sistema de Planos Acotados, el Sistema Axonométrico y el Sistema Cónico.

En el presente apartado, se van a describir superficialmente los fundamentos de los tres últimos.

3.1. Sistemas de representación

A continuación, se explicarán brevemente algunos de los sistemas más utilizados en la representación en perspectiva de instalaciones.

Sistema de Planos Acotados

El Sistema Acotado o de planos acotados es un sistema de proyección cilíndrica ortogonal. Se utiliza para la representación de terrenos y, en general, en aquellas representaciones cuyas dimensiones verticales son mucho menores que las horizontales.

Como plano de referencia o de proyección, se adopta únicamente un plano horizontal sobre el que se proyectan los puntos de la figura, terreno u objeto que se quiere representar.

Sistema Cónico

El Sistema Cónico, también conocido como Perspectiva cónica, utiliza el sistema de proyección cónico sobre un plano de proyección, llamado "plano del cuadro" (PC). La imagen que se obtiene es la representación de un objeto tal y como lo ve el observador.

Los elementos fundamentales de este sistema son:

- **Punto de vista (V):** es el centro de la proyección y señala la posición del ojo del observador.
- **Plano del cuadro (PC):** sobre él se proyecta el objeto. Es un plano vertical y se puede colocar entre el observador y el objeto, en el objeto o por detrás del objeto.
- **Punto principal (PP):** es la proyección ortogonal del punto de vista sobre el PC.
- **Plano geometral (PG):** sobre él se sitúan los objetos que se van a representar.
- **Plano del horizonte (PH):** es perpendicular al PC y contiene el punto de vista.
- **Línea de tierra (LT):** es la intersección del PC con el PG.
- **Línea de horizonte (LH):** es la intersección del PC con el PH.
- **Distancia principal:** es la distancia entre el punto de vista y el punto principal.
- **Punto de fuga:** es un punto en el infinito situado en la línea de horizonte.

Perspectiva de un objeto en el PC

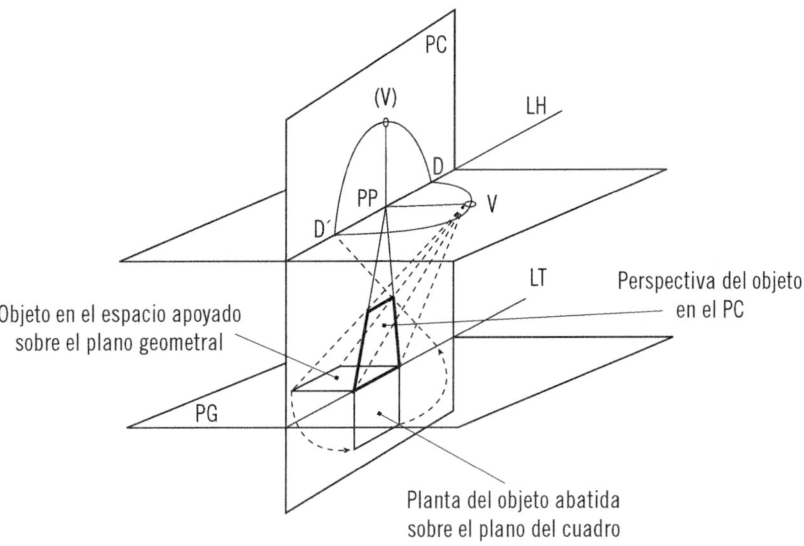

Para construir la perspectiva cónica de un objeto, existen diversos métodos. A continuación, se muestra un ejemplo de representación en esta perspectiva.

Representación de la perspectiva cónica de un objeto

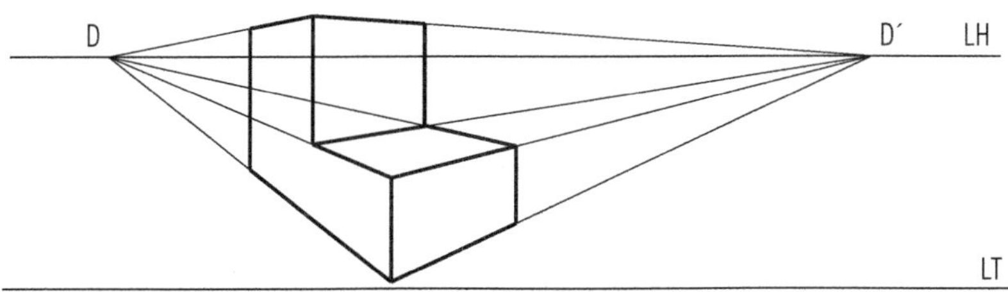

Sistema Axonométrico

La proyección axonométrica se utiliza fundamentalmente cuando se quiere obtener una idea tridimensional de un objeto sobre un plano de dibujo. Para ello, se emplean los planos de proyección vertical, horizontal y de perfil, en los que, por lo general, se supone apoyada la pieza. Todo este conjunto se proyecta, a su vez, sobre un cuarto plano, oblicuo respecto de los anteriores y que se corta en lo que se llama "triángulo de trazas". La proyección obtenida sobre este cuarto plano es la proyección axonométrica.

Proyección axonométrica de un objeto

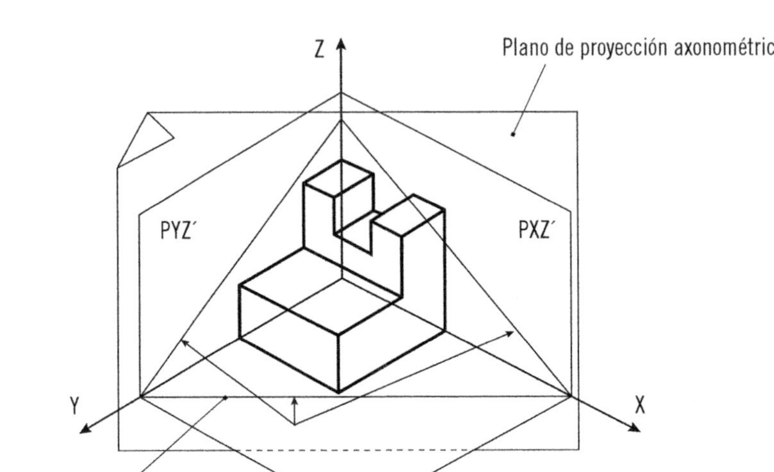

Sobre el triángulo de trazas, se proyectan las trazas respectivas del V, H y el plano de perfil, que dan lugar a un sistema de ejes tridimensional y que, en definitiva, será sobre el que se trabaje.

En el sistema axonométrico, dependiendo del ángulo que forman entre sí los ejes del triángulo de trazas, se obtienen las siguientes variedades:

- **Axonométrico – Isométrico,** en el que los tres ángulos son iguales.
- **Axonométrico – Dimétrico o Monodimétrico,** en el que dos ángulos son iguales y uno, desigual.
- **Axonométrico – Anisométrico o Trimétrico,** en el que los tres ángulos son desiguales.

La proyección de estos tres ejes sobre el plano de dibujo, irá afectada de unos coeficientes de reducción Ex, Ey, Ez, que tendrán que ser aplicados a cada una de las aristas paralelas a estos ejes.

En el caso de la proyección isométrica, los coeficientes empleados en cada eje serán iguales. En el dimétrico, será el mismo para dos ejes y, por último, en el caso del trimétrico, ninguno de los coeficientes será igual.

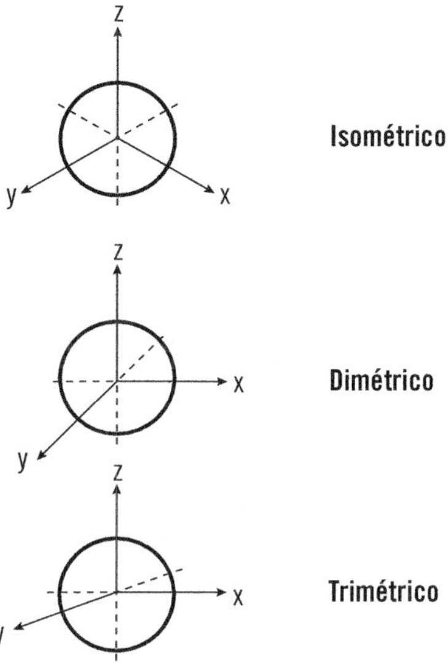

Ejemplos de representación de una pieza según las proyecciones isométrica, dimétrica y trimétrica

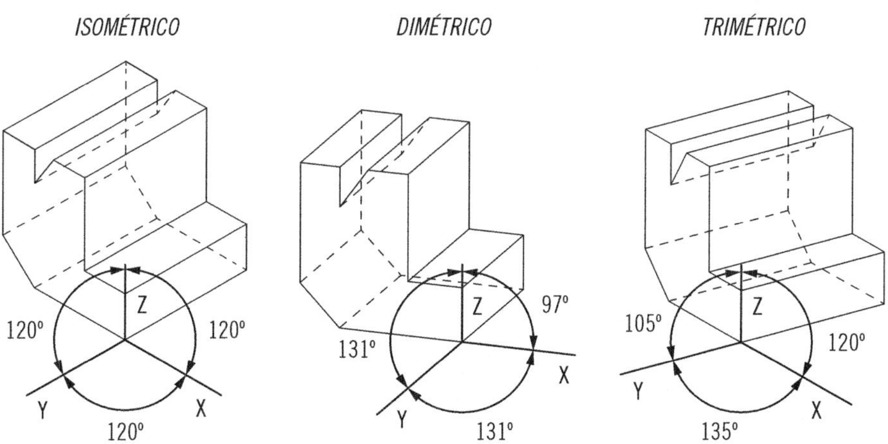

 Aplicación práctica

Interprete la siguiente imagen e indique el tipo de proyección axonométrica a la que se refiere.

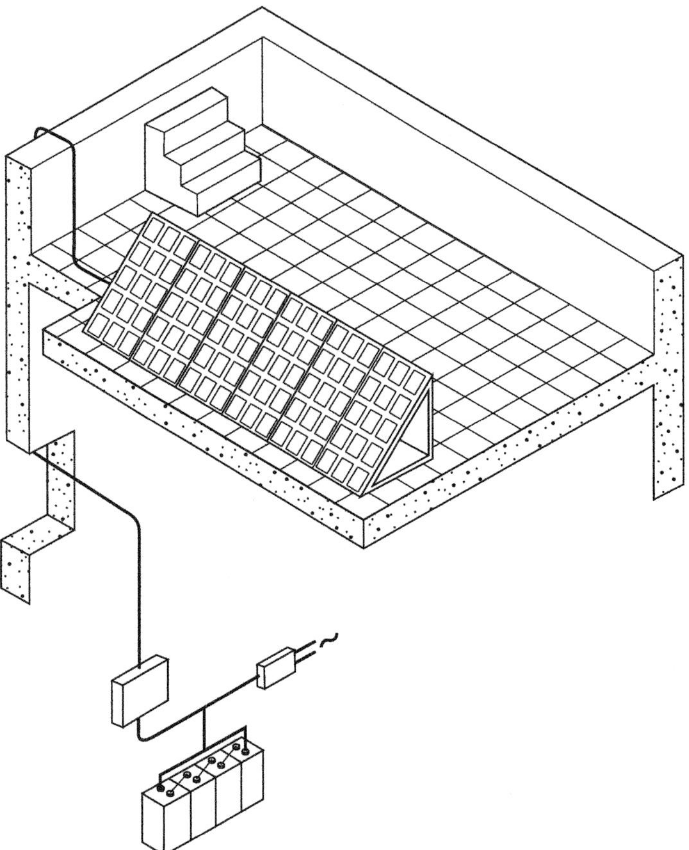

SOLUCIÓN

Se trata de una instalación solar fotovoltaica. El tipo de proyección axonométrica corresponde a la isométrica.

4. Simbología eléctrica

El dibujo industrial eléctrico es un dibujo fundamentalmente simbólico, por lo que la normalización es esencial en este tipo de representación.

Para que un sistema eléctrico cumpla su función, debe comunicar inequívocamente las características de diseño y/o de ejecución de un circuito eléctrico, por lo que se hace necesario conocer la norma a seguir para la representación.

4.1. Símbolos y esquemas eléctricos

A continuación, se muestra una tabla con la simbología de algunos elementos usuales que se pueden encontrar en cualquier circuito de una instalación eléctrica.

Símbolo	Significado
	Conductor.
3N~380V,50Hz — L1, L2, L3, N — 3(1x120)+1x70	Conductor. Se pueden dar informaciones complementarias. Ejemplo: circuito de corriente trifásica, 380 V, 50 Hz, tres conductores de 120 mm^2, con hilo neutro de 70 mm^2.
/// — 3	Conductores (unifilar). Las dos representaciones son correctas. Ejemplo: 3 conductores.
	Conexión en T.
	Unión doble de conductores. La forma 2 se debe utilizar solamente si es necesario por razones de representación

Continúa en página siguiente >>

<< Viene de página anterior

Símbolo	Significado
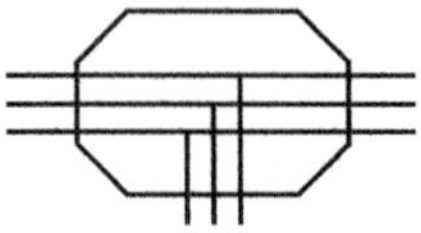	Caja de empalme, se muestra con tres conductores con T conexiones. Representación multifilar.
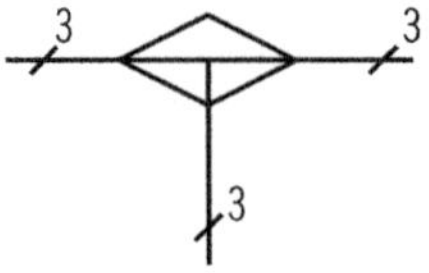	Caja de empalme, se muestra con tres conductores con T conexiones. Representación unifilar.
	Neutro.
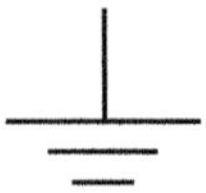	Tierra. Se puede dar información adicional sobre el estado de la tierra si su finalidad no es evidente.
	Base y Clavija.
	Base con contacto para conductor de protección.
	Base de enchufe con interruptor unipolar.
	Lámpara, símbolo general.
	Resistencia, símbolo general.
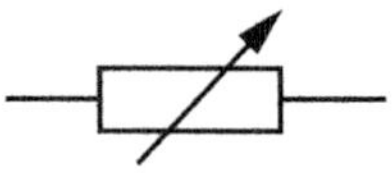	Resistencia variable.

Continúa en página siguiente >>

<< Viene de página anterior

Símbolo	Significado
	Condensador, símbolo general.
	Bobina, símbolo general, inductancia, arrollamiento o reactancia.
	Bobina con núcleo magnético.
	Interruptor normalmente abierto (NA). Cualquiera de los dos símbolos es válido.
	Interruptor normalmente cerrado (NC).
	Interruptor. Unifilar.
	Interruptor bipolar. Unifilar.
	Conmutador intermedio. Conmutador de cruce. Unifilar. Diagrama equivalente de circuitos.
	Pulsador normalmente cerrado.
	Pulsador normalmente abierto.

Continúa en página siguiente >>

<< Viene de página anterior

Símbolo	Significado
	Fusible.
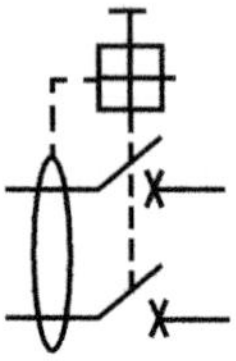	Interruptor automático diferencial. Representado por dos polos.
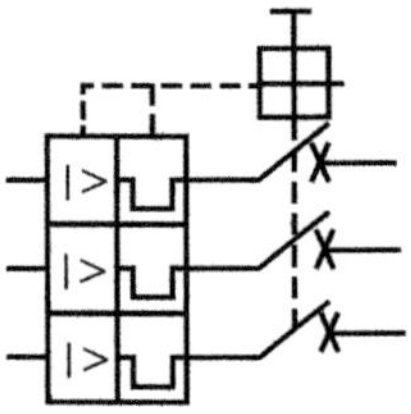	Interruptor automático magnetotérmico o guardamotor. Representado por tres polos.
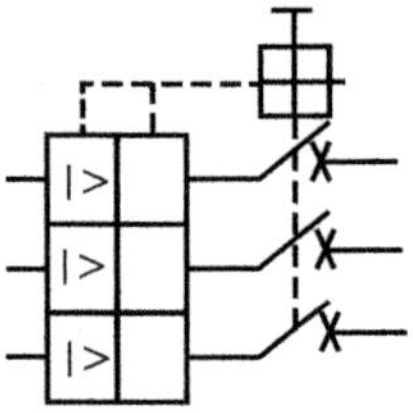	Interruptor automático de máxima intensidad. Interruptor automático magnético.
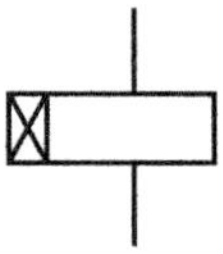	Dispositivo de mando retardado a la conexión. Conexión retardada al activar el mando.
	Voltímetro. Indicador de tensión.
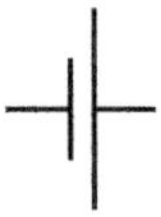	Pila o acumulador, el trazo largo indica el positivo.
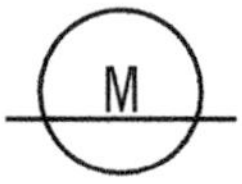	Motor lineal. Símbolo general.

Continúa en página siguiente >>

<< Viene de página anterior

Símbolo	Significado
	Motor de corriente continua.
	Transformador de dos arrollamientos (monofásico). Unifilar.
	Transformador de dos arrollamientos (monofásico). Multifilar.
	Diodo.
	Diodo emisor de luz (LED).
	Tiristor.
	Transistor bipolar NPN.
	Transistor bipolar PNP.

Aplicación práctica

Dado el siguiente esquema unifilar, identifique los elementos indicados.

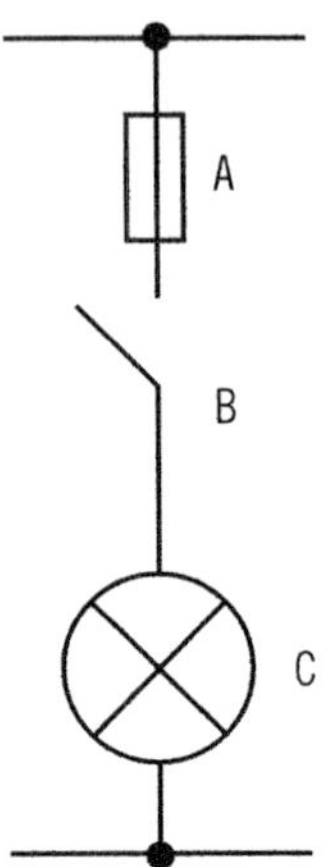

SOLUCIÓN

A: Fusible.
B: Interruptor normalmente abierto (NA).
C: Lámpara.

---

5. Representación de circuitos eléctricos

El dibujo industrial eléctrico se plantea con el propósito de establecer inequívocamente las relaciones de dependencia entre los componentes que constituyen un circuito eléctrico. Esto se consigue a partir de distintas representaciones o esquemas, entre los que se pueden distinguir dos tipologías básicas: esquemas explicativos y esquemas de conexiones.

Los esquemas explicativos están especialmente orientados a resolver problemas propios de la fase de diseño. Su destinatario es, por tanto, un ingeniero. Los esquemas explicativos se pueden dividir en:

- Funcionales: Indican la estructura general del circuito.
- De emplazamiento: Especifican el lugar donde se emplazan físicamente los componentes.
- De circuitos: Explican cómo se relacionan entre sí los componentes eléctricos.

Los esquemas de conexiones están orientados a resolver problemas de ejecución material, por lo que están destinados a técnicos electricistas. En este apartado, se tratarán algunas nociones básicas de este tipo de esquemas, los cuales pueden dividirse en unifilares y multifilares.

5.1. Esquema unifilar y multifilar

Los esquemas de conexiones no pretenden ser didácticos en cuanto a las relaciones de los componentes de una instalación, ya que suele ser difícil interpretar el funcionamiento de una instalación a partir de ellos. Sin embargo, son muy claros en cuanto a los aspectos básicos de la ejecución material de la instalación.

 **Recuerde**

Una instalación eléctrica consiste en un conjunto de componentes eléctricos conectados entre sí por medio de conductores.

Los esquemas de conexiones deben responder a preguntas del tipo: "¿Cuántos conductores hay en esta canalización?", "¿cómo se deben conectar los bornes de este equipo?", etc.

Cuando resulta conveniente (por razones de simplicidad) representar agrupados los distintos conductores en un único trazo, se recurre a la denominada **representación unifilar.** Por el contrario, cuando cada conductor es representado por un trazo independiente, se tiene una **representación multifilar.**

Representación unifilar

La siguiente figura muestra la distribución eléctrica de una habitación:

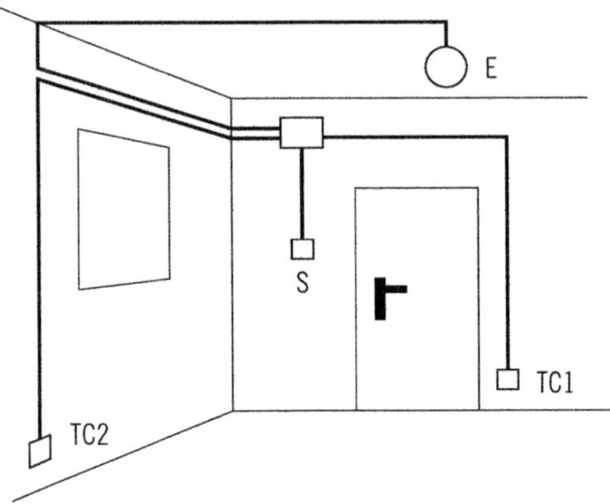

Se trata de una habitación dotada de una lámpara (E), gobernada por un interruptor (S) y con dos tomas de corriente (TC1 y TC2). La alimentación parte de una caja de distribución que recibe una fase y un neutro.

 **Definición**

Fase y neutro

El conductor de fase es donde se encuentra el potencial eléctrico (230 V), mientras que el conductor neutro es por donde "retorna" la corriente (0V).

En las instalaciones trifásicas existen tres fases y un neutro, mientras que en las monofásicas hay una fase y un neutro.

El esquema de conexiones unifilar puede representarse ignorando el emplazamiento de los equipos, como se muestra en la siguiente imagen.

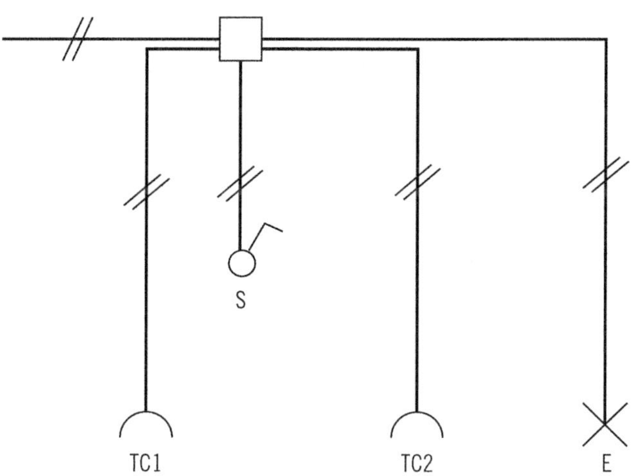

Representación multifilar

Cuando se representan todos los conductores con trazos independientes, se obtiene el esquema de conexiones multifilar. Como se puede ver en el siguiente ejemplo de esquema multifilar (referido a la misma habitación del ejemplo unifilar), es evidente que no es la representación más adecuada para interpretar el comportamiento de una instalación, pero sí es muy útil para el técnico de montaje.

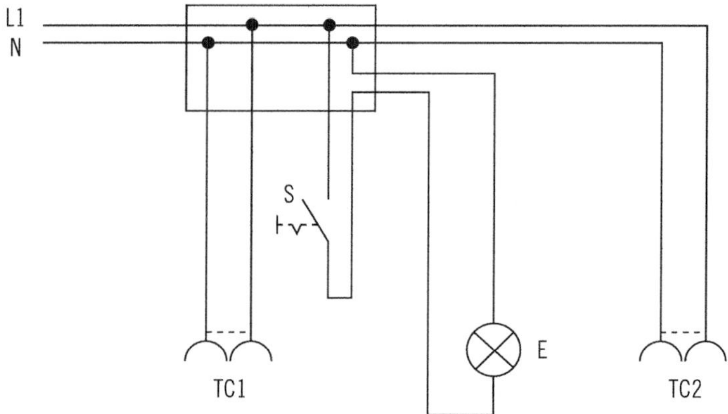

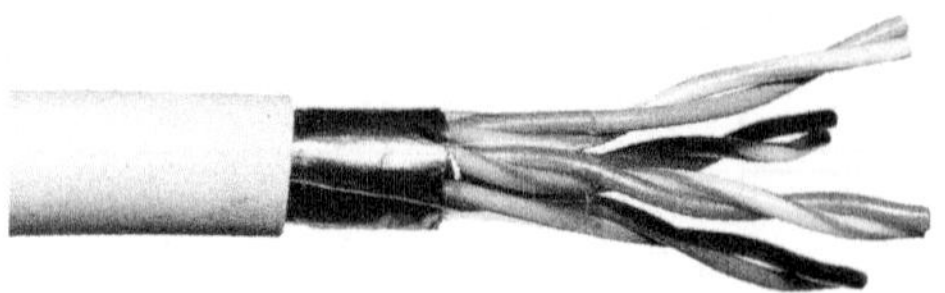

 ## Aplicación práctica

Elabore el esquema unifilar de la instalación eléctrica representada (en perspectiva) en la siguiente imagen:

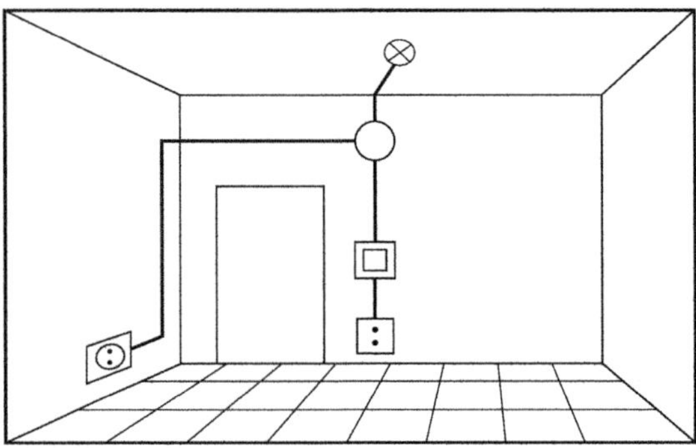

SOLUCIÓN

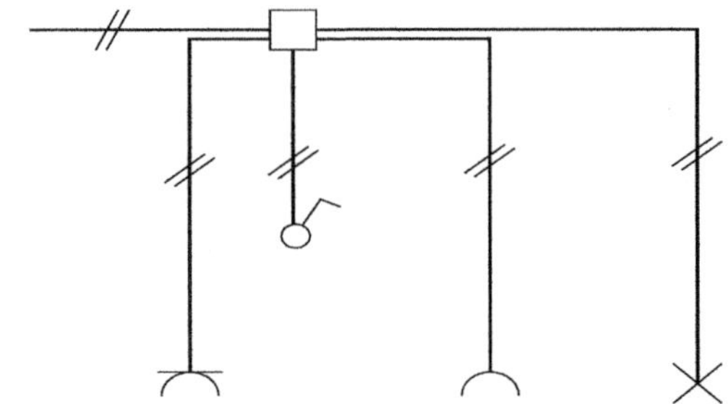

6. Equemas y diagramas simbólicas funcionales

El esquema explicativo funcional es capaz de definir la estructura general de un circuito, para así poder ser interpretada adecuadamente. Normalmente, constituye la primera fase del diseño y no pretende analizar los elementos del circuito de forma muy detallada.

6.1. Los diagramas funcionales

En la ingeniería, los diagramas funcionales permiten, entre otros aspectos, entender el funcionamiento general de sistemas o procesos, así como conocer la interconexión de los principales elementos o subsistemas de una instalación.

Modelos

En la siguiente figura, se muestra un ejemplo de diagrama funcional de la instalación eléctrica de una vivienda.

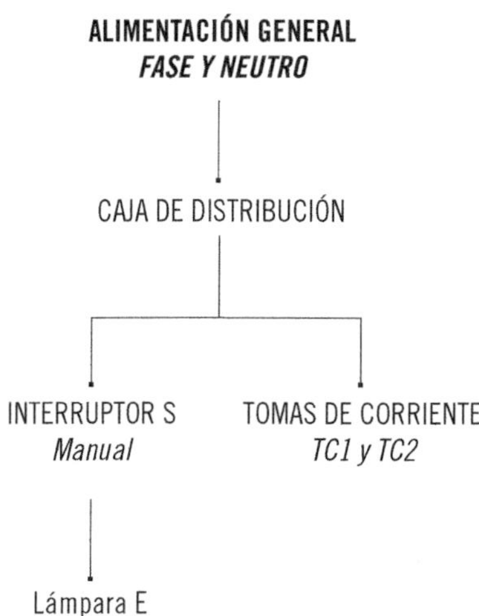

En ocasiones, los esquemas funcionales también se denominan **esquemas de bloques o esquemas sinópticos.** A la vista del esquema anterior, esto se debe a que el circuito se representa como distintos bloques, que pueden coincidir con uno o varios dispositivos eléctricos que están relacionados entre sí por medio de flechas.

Diagrama funcional de una instalación de movimiento de caudal

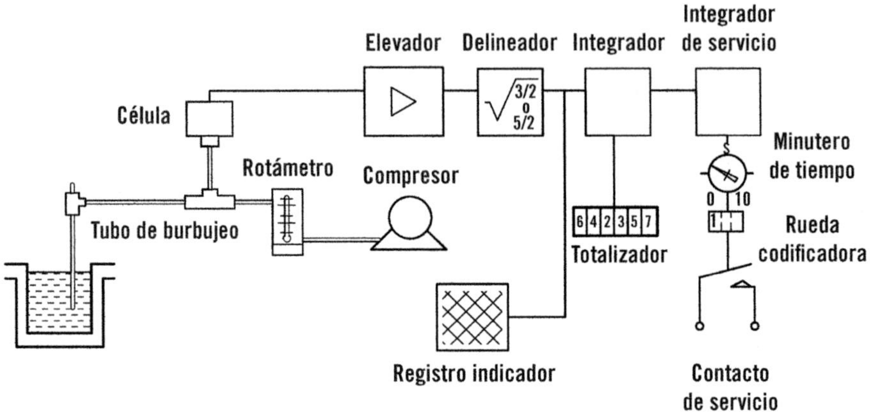

A la hora de definir los bloques o elementos del diagrama, no es necesario recurrir a símbolos normalizados para definirlos.

Por otro lado, las flechas o uniones entre bloques no tienen que representar conductores eléctricos, sino relaciones de dependencia entre bloques.

Características

Aunque no existe ninguna norma general para la realización de estos esquemas, sí que se pueden destacar algunas características comunes en este tipo de representación:

- Es de observación más rápida, comparada con otro tipo de esquemas.
- Elevada simplicidad, comparada con otro tipo de representaciones.
- No suelen existir cruces o intersecciones entre las líneas que relacionan los diferentes elementos.
- Debe mostrar las entradas al sistema (de datos, materiales, energía, etc.) y las salidas del sistema (productos, datos, energía, etc.).

 **Aplicación práctica**

Elabore un diagrama funcional de una instalación fotovoltaica aislada.

SOLUCIÓN
Existen muchas formas de realizar un diagrama funcional. Una posible y sencilla solución, sería la siguiente:

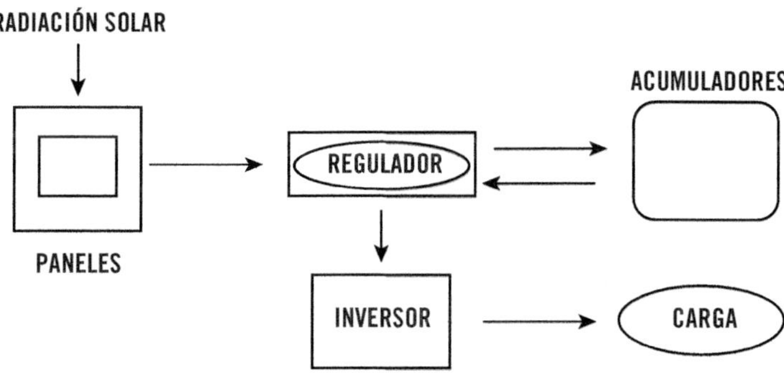

7. Interpretar planos de instalaciones eléctricas

Un plano es una representación gráfica dibujada, sobre un soporte adecuado, de algo que se desea dejar perfectamente representado mediante el dibujo lineal.

Mediante una interpretación adecuada, siguiendo las indicaciones que el plano ofrece, el cuerpo lineal se puede imaginar como un cuerpo volumétrico perfectamente ajustado a la idea creadora de quien lo proyectó.

7.1. Conceptos básicos en la lectura de un plano

Los planos de cualquier instalación eléctrica, como puede ser una instalación fotovoltaica, deben reflejar inequívocamente los elementos que forman parte de la misma, así como la ubicación, su interconexión con otras partes o elementos, etc.; por esta razón es tan importante saber cómo interpretarlos.

Representación de las dimensiones

Lo fundamental en un plano es la exposición clara de todas las medidas referentes a los elementos que intervienen en su composición.

Ejemplo de plano acotado

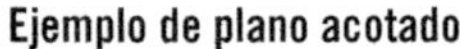

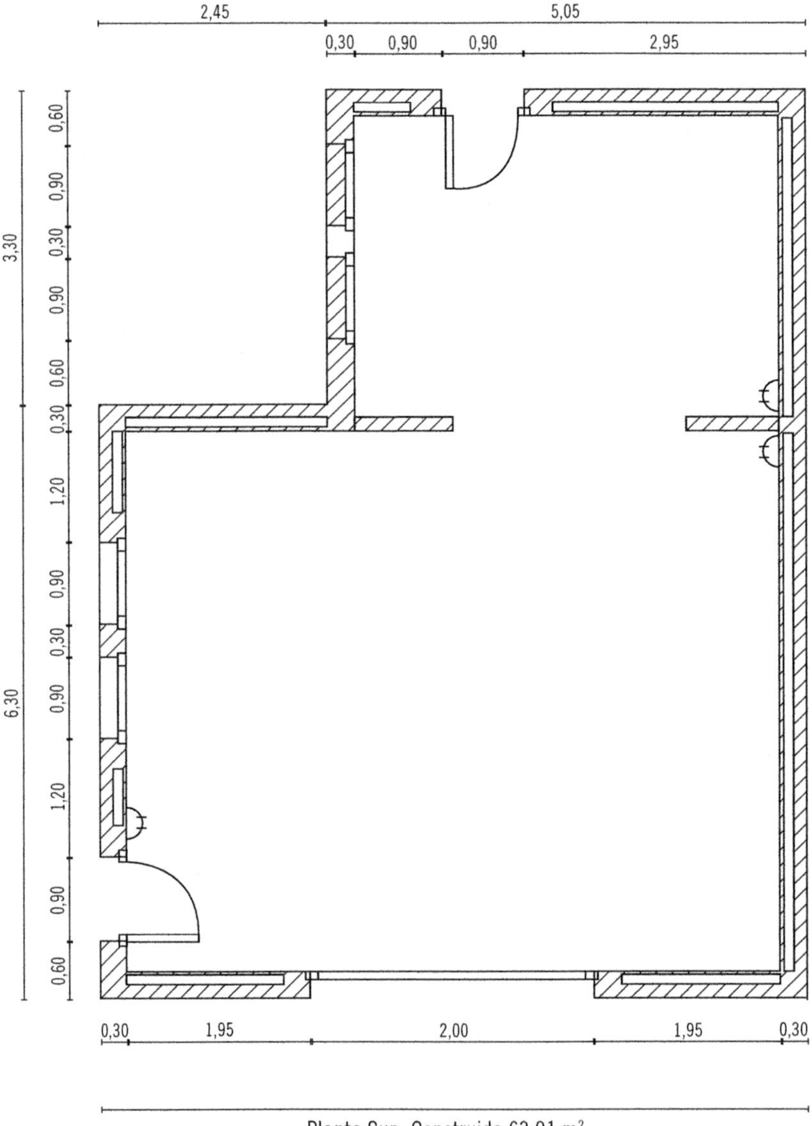

Planta Sup. Construida 63,91 m²

Los denominados **planos acotados** llevan expresamente anotadas cada una de las medidas entre dos puntos señalizados debidamente. La magnitud medida se suele colocar sobre la línea que delimita dicha distancia. Estas líneas se denominan **líneas de cota.**

 **Nota**

La acotación de un plano siempre se refiere a magnitudes en la realidad, no en la proyección (papel).

Escalas

Un plano debidamente acotado no da lugar a problemas en cuanto a la interpretación de medidas expuestas gráficamente, ya que las líneas y las cifras de cota son datos suficientes. Pero en un plano de cualquier instalación, es prácticamente imposible acotar cada una de las distancias (entre objetos, etc.) que puede ser interesante conocer. Para averiguar estas cotas inexistentes, simplemente es necesario medir (con una regla graduada), sobre el plano, la distancia a que se desee conocer. A partir de este valor medido y de la denominada *escala,* se puede calcular la magnitud deseada.

 **Definición**

Escala
Es la relación que existe entre lo que mide una distancia en el plano y su valor real. Por ejemplo, una escala 1:100 significa que 1 unidad (m, km, etc.) en el dibujo, corresponde a 100 unidades (m, km, etc.) en la realidad.

 **Aplicación práctica**

Dado el plano de una instalación cualquiera, indique la distancia real que existe entre dos puntos A y B no acotados.

Datos:

ı **La distancia, medida sobre el plano, entre A y B es de 10 cm.**
ı **La escala del plano es 1: 200.**

SOLUCIÓN

Un escala 1:200 significa que 1 cm en el plano corresponde a 200 cm en la realidad, por lo que 10 cm en el plano son 2.000 cm a realidad (10 · 200 = 2.000), o, lo que es lo mismo, 20 m.

7.2. Planos de instalaciones eléctricas

Un plano de planta para la instalación eléctrica de una vivienda, local, comercio, etc., debe tener los siguientes datos:

- Relación gráfica de todos los aparatos y dispositivos eléctricos instalados, con indicación de su situación. Por ejemplo, lámparas en el techo, puntos de luz o tomas de corriente. En ocasiones, suelen ampliarse regiones del plano general.
- Señalización de la adecuada conexión de dichos aparatos a la red eléctrica general.
- Cálculo del cableado y elementos de conexión, teniendo en cuenta la potencia de cada aparato, las horas de consumo, el calentamiento de los conductores, etc.
- El esquema debe permitir al instalador, sin otra ayuda adicional, la ejecución práctica de la instalación en la obra (con seguridad y rapidez). Para ello, es necesario que en el plano se indiquen datos como:

  ı Tipo de corriente.

- Ubicación de la acometida, tablero de contadores, aparatos de conexión, etc.
- Variante adoptada para la instalación: empotrada, saliente, bajo tubo aislante, etc.
- Tipo de conductores a utilizar.
- Sección y número de conductores en todas las derivaciones.
- Dimensiones de los tubos aislantes que protegen a los conductores.
- Potencia que se prevé que consuman los aparatos receptores.
- Distancias de los aparatos receptores respecto al suelo y paredes.
- Otros datos de interés respecto a las peculiaridades de la propia instalación.

Ejemplo de un plano de planta de la instalación eléctrica de una vivienda

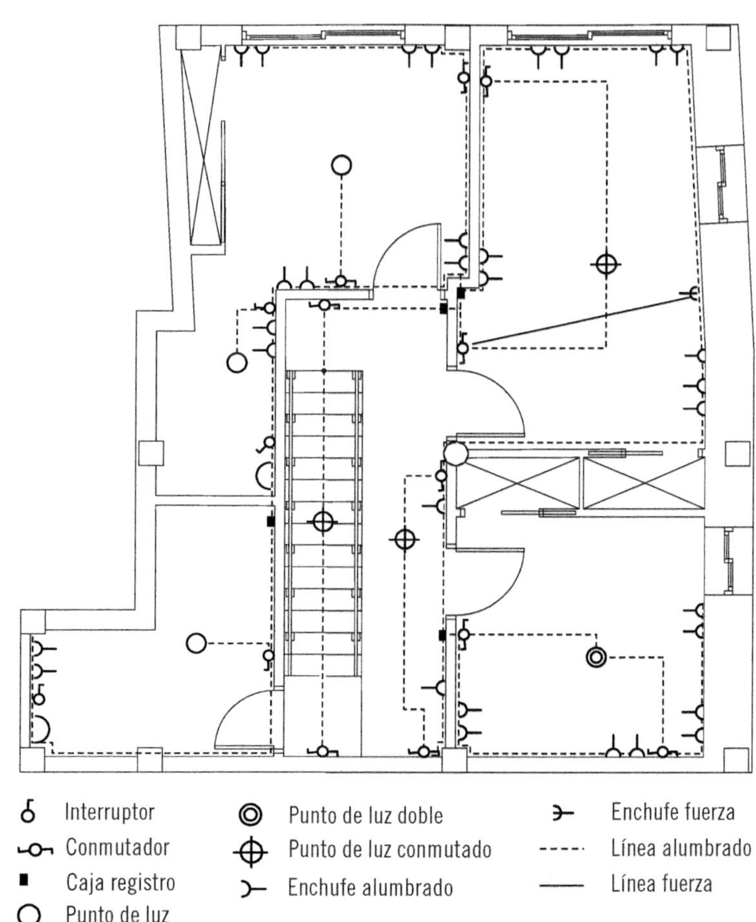

Los proyectistas deben asegurar una correcta interpretación por parte de los encargados de leer sus proyectos, por lo que acostumbran a incluir en el plano un cuadro complementario que relaciona los símbolos empleados con su traducción exacta (ver imagen anterior).

8. Resumen

El croquis es un dibujo rápido a mano alzada que permite definir (no dibujar) una pieza, una instalación, etc. Si se hace correctamente, el croquis puede permitir, el dibujo exacto de la pieza, e incluso la información necesaria para la fabricación de la misma.

El sistema de representación diédrico permite representar cualquier figura tridimensional mediante proyecciones (alzado, planta, etc.).

Además del dedico, existen otros sistemas de representación muy usados; estos son: el sistema de planos acotados (muy utilizado en la proyección de terrenos), el sistema cónico (permite dibujar un objeto tal y como lo ve el observador) y el axonométrico (consistente en representar elementos geométricos o volúmenes en un plano oblicuo a tres ejes, donde se considera apoyado el elemento a representar).

A la hora de interpretar o realizar el plano de cualquier instalación eléctrica, no es necesario únicamente conocer los distintos tipos de proyección y métodos de representación, sino que es fundamental también entender la simbología eléctrica de los elementos que forman el circuito en cuestión.

La representación de cualquier circuito eléctrico se suele realizar de forma unifilar o multifilar. Estas representaciones están orientadas a resolver problemas de ejecución material y se diferencian, básicamente, en que los multifilares son más detallados respecto a la representación de las líneas de conexión.

La representación funcional está orientada a explicar cómo funciona un sistema y la relación de los elementos que lo conforman. En este capítulo, se han mostrado algunos ejemplos de representaciones de este tipo.

A la hora de representar o interpretar planos de instalaciones, es importante conocer las normas de acotación (medidas reales) y escala (relación de ampliación/reducción). Respecto a la representación de instalaciones eléctricas, esta debe informar adecuadamente de todos los detalles que sean relevantes para su correcta e inequívoca interpretación.

Ejercicios de repaso y autoevaluación

1. ¿Qué se puede representar en el croquis de una figura?

    a. Únicamente su contorno a mano alzada.
    b. Su contorno, utilizando los correspondientes instrumentos de dibujo.
    c. Los datos que definen a la pieza: vistas, acotaciones, materiales, etc.
    d. El alzado, planta o perfil de la pieza en cuestión (a mano alzada).

2. Relacione los siguientes elementos:

    a. Alzado
    b. Planta
    c. Perfil

    __ Vista frontal
    __ Vista lateral
    __ Vista superior

3. Complete la siguiente oración.

La proyección _______________ se utiliza fundamentalmente cuando se quiere obtener una idea tridimensional de un objeto sobre un _________ de dibujo.

4. Indique el tipo de perspectiva axonométrica:

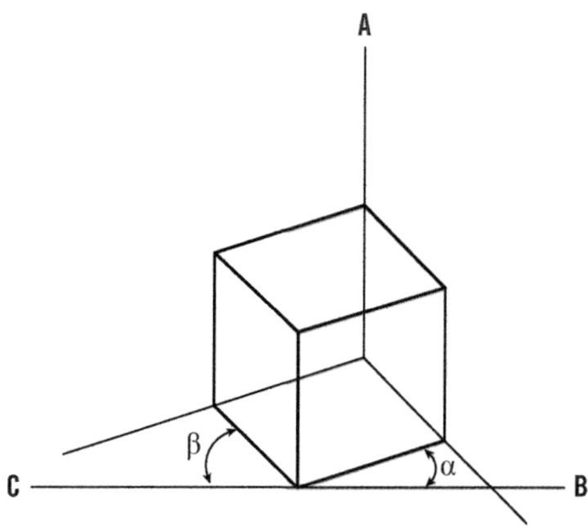

5. Determine si las siguientes oraciones son verdaderas o falsas:

a. La simbología de todo interruptor, ya sea normalmente abierto o cerrado, es única.

☐ Verdadero
☐ Falso

b. La simbología de los dispositivos magnetotérmicos y diferenciales no coincide.

☐ Verdadero
☐ Falso

6. Dibuje el símbolo correspondiente:

	Bobina
	Tierra
	Resistencia (símbolo general)
	Interruptor bipolar
	Transformador de dos arrollamientos

7. Explique la diferencia fundamental entre un esquema unifilar y su equivalente multifilar.

____

____

8. Complete la siguiente oración.

En ocasiones, los esquemas funcionales también se denominan esquemas de _______________________ o esquemas sinópticos. Esto se debe a que el diagrama suele estar constituido por distintos _________________.

9. Elabore el diagrama funcional de una instalación fotovoltaica (sencilla) conectada a red.

10. Las líneas que se utilizan para indicar medidas en los planos, se denominan...

       a. ... escalas.
       b. ... líneas normalizadas.
       c. ... contornos.
       d. ... líneas de cota.

Capítulo 5

Proyectos y memorias técnicas de instalaciones solares fotovoltaicas

Contenido

1. Introducción

La formulación de proyectos y memorias técnicas siempre ha estado presente en la vida cotidiana y no siempre ha sido fácil su comprensión y análisis. Más aún, en el mundo de las organizaciones sociales, es un tema que se encuentra presente y con grandes dudas para los dirigentes.

La documentación relacionada con el montaje y mantenimiento de instalaciones eléctricas, como pueden ser los proyectos y memorias técnicas, tienen una gran importancia, ya que el objeto de los mismos suele ser la contratación, ejecución y legalización de una obra o instalación.

2. El proyecto. Concepto

Un proyecto es una secuencia de actividades únicas, complejas y relacionadas, teniendo un propósito o meta que debe ser completada en un tiempo específico dentro de un presupuesto y de acuerdo a unas especificaciones dadas.

Según el Diccionario de la Real Academia Española de la Lengua, un proyecto queda definido de la siguiente manera: *Conjunto de escritos, cálculos y dibujos que se hacen para dar idea de cómo ha de ser y lo que ha de costar una obra de arquitectura o de ingeniería.*

 **Definición**

Proyecto
Ordenación de actividades y recursos que depende del medio donde surge y se desarrolla, es decir, del contexto económico, político y social que lo enmarca, y requiere una metodología.

Las características del proyecto son las siguientes:

- Su duración es finita.
- Su resultado es único.
- Tiene carácter evolutivo.
- Se desarrolla bajo incertidumbre.

Los elementos que componen un proyecto son los siguientes:

- Objetivos.
- Tareas.
- Recursos.
- Restricciones.

2.1. Contenidos de los proyectos

Existen tantas formas de hacer proyectos como proyectos se pueden realizar, pero, en general, todo proyecto debe tener unos contenidos mínimos, que se exponen a continuación.

Identificación de la asociación que realiza el proyecto

Cualquier asociación que realiza un proyecto debe estar identificada (en el mismo) por la siguiente información:

- Denominación de la asociación.
- Fecha de constitución (si se tiene).
- Número de asociados.
- Objetivos generales de la asociación.
- Ámbito de actuación.

Exposición de motivos

Origen y fundamentos del proyecto. Es importante, aun teniendo la idea de lo que se quiere hacer, realizar un análisis de la realidad para conocer el marco donde se va a desarrollar el proyecto y, en definitiva, las actividades.

Conociendo dicho marco, será más fácil fundamentar la idea y por qué se quiere hacer.

Denominación y naturaleza del proyecto

Es el momento de poner nombre al proyecto, es decir, caracterizar en pocas palabras y de forma generalizada lo que se quiere hacer.

Objetivos

Los objetivos de un programa son los propósitos y límites que se desean alcanzar a través de acciones determinadas organizadas en el proyecto y dentro de un periodo también determinado.

Explicar los objetivos es responder a la cuestión: "¿Para qué se va a hacer?". Es decir, es indicar el destino del proyecto y las finalidades que se pretenden alcanzar con la realización del mismo. Estos objetivos deben ser precisos y concretos, representativos y evaluables.

Actividades

Determinación de las actividades, denominación, descripción y metodología.

Las actividades son las acciones directas del proyecto, por ello no debe reducirse a un listado de actividades, sino que se ha de establecer una trayectoria que permita fijar el ritmo y dinámica del proyecto, marcando preferencias para su realización y el "cómo se va a hacer".

También se debe hacer una descripción de los distintos aspectos y maneras de desarrollar estas actividades (sistemas de trabajo, técnicas que se usarán, sistemas de coordinación, reparto de tareas y responsabilidades, etc.).

Destinatarios

A quién va dirigido el proyecto: colectivos, límite de edad y, en definitiva, definición del grupo beneficiario del mismo.

Temporalización

Después de definir las actividades que se van a realizar, un aspecto esencial en la elaboración del proyecto es determinar los plazos y fechas de las actuaciones.

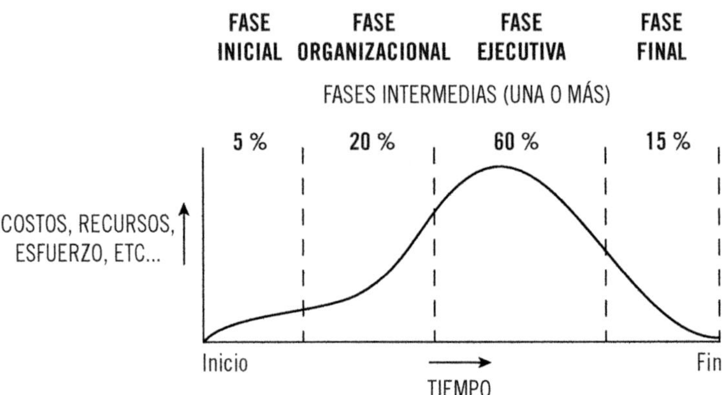

Lugar de realización

Es importante definir el área o espacio donde se va a ubicar el proyecto. Esta localización puede hacerse a un doble nivel:

- Macrolocalización: región, comarca, municipio, etc.
- Microlocalización: barrio o lugar específico donde se desarrollará el proyecto.

Recursos o medios

Todo proyecto necesita para su realización una serie de recursos (humanos, materiales, técnicos y financieros o económicos).

En principio, se deben concretar los recursos humanos (las personas que ejecutarán y desarrollarán las actividades), materiales y financieros o económicos (cuotas, donaciones, etc.). Una vez concretados los recursos, se detallará lo que se necesita con un presupuesto desglosado y los medios para conseguirlo.

3. Tipos de proyectos

Los diferentes tipos de proyectos se pueden clasificar dependiendo de diferentes criterios: la finalidad y los contenidos.

Atendiendo al fin del proyecto se encuentran los siguientes

- **De ejecución material:** son aquellos proyectos cuyo fin primordial es definir completamente todas sus partes, de forma que se puedan llevar a cabo. Es decir, es un proyecto constructivo que sirve de base para su ejecución.
- **Administrativos o de legalización:** son aquellos proyectos cuyo objetivo fundamental es obtener un permiso, licencia, autorización o patente.

En este tipo de proyectos no es necesario dar una definición completa de todos sus elementos, solamente de aquellos detalles que se consideran más importantes desde el punto de vista del organismo al que se presente.

 Aplicación práctica

¿A qué tipología pertenecería un proyecto para la obtención de una licencia de obra? Razone su respuesta.

SOLUCIÓN

Se trataría de un proyecto Administrativo o de legislación, ya que en este se deberá hacer hincapié en el cumplimiento de las ordenanzas municipales; las normas urbanísticas; el reglamento de actividades molestas, nocivas, insalubres y peligrosas; las medidas de protección del medioambiente, etc.

Y teniendo en cuenta el contenido, se pueden encontrar los siguientes proyectos:

- **Proyectos de producto industrial.** Los proyectos industriales se pueden dividir en:

  - **De consumo:** orientados a las economías domésticas o al consumo final.
  - **De bienes de equipo:** destinados a la fabricación de productos de consumo, como maquinaria (eléctrica, mecánica), dispositivos/circuitos (eléctricos, electrónicos, etc.), útiles y herramientas, recipientes/depósitos, etc.

- **Proyectos de instalaciones.** En estos proyectos no se diseñan los componentes, sino la forma de ir relacionados (conectados) unos con otros. Se pueden clasificar en eléctricos, frigoríficos, de climatización, aire comprimido, agua, etc.
- **Proyectos de procesos industriales.** En este tipo de proyectos se definen las operaciones y toda la maquinaria necesaria para llevar a cabo el proceso industrial.
- **Proyectos de planta industrial.** Aquí se integran los anteriores proyectos. El objetivo fundamental es la distribución en planta del proceso y de las instalaciones, y el proyecto del edificio. Incluye el proyecto de urbanización interior de planta, con delimitación de las calles, servicios de abastecimiento, alcantarillado, etc.
- **Proyecto de polígono industrial.** Son los proyectos de urbanización para la ubicación de una concentración de industrias. En ellos se proyectan las industrias y servicios complementarios: redes de distribución de energía eléctrica, agua, alcantarillado, vías de circulación, etc.
- **Proyectos de gestión.** El objeto de este tipo de proyectos no es algo material, sino que puede consistir en la gestión de una gran empresa, informatización de actividades, contabilidad, optimización de recursos, etc. También pueden estar incluidos en este grupo los proyectos de seguridad e higiene y los programas de seguridad contra incendios.

4. Memorias técnicas

También conocida como **informe técnico,** la memoria técnica puede definirse como la exposición por escrito de circunstancias observadas en un reconocimiento de precios, edificaciones, documentos...

Es una exposición de datos o hechos dirigidos a alguien, sobre una cuestión o asunto que conviene revisar.

Los temas a los que se refieren estas memorias son muy variados: obras, fincas, explotaciones agropecuarias, bienes de equipo, industrias, etc.

 **Nota**

A diferencia del proyecto, la memoria técnica es un trabajo sobre algo existente. Tiene su origen en un problema de origen técnico.

Por la propia naturaleza del informe técnico, es fundamental buscar una estructura expositiva sencilla, centrándose con concisión y claridad en el objeto que se trate.

También es necesario tener en cuenta la persona a la que va dirigido este informe (otro técnico, un juzgado, personas sin conocimientos técnicos...), para hacerlo fácilmente comprensible.

4.1. Tipos de memorias técnicas

En función de sus objetivos, existen diversos tipos de informes técnicos.

Dictámenes y peritaciones

En ellos se vierten las valoraciones, consideraciones, juicios, ideas, circunstancias y conclusiones de un técnico, utilizando y aplicando sus conocimientos. El destino más frecuente de estos informes son los tribunales de justicia, donde se solicitan las opiniones y juicios de expertos en determinada materia para facilitar la toma de decisiones en el ámbito judicial.

Inspecciones o reconocimientos

El técnico habrá de realizar una descripción de las circunstancias apreciadas en la inspección o reconocimiento.

Arbitrajes

Se trata de la emisión de una opinión razonada adecuadamente en relación a una cuestión en la que no existe acuerdo.

Expedientes

Se generan en el ámbito administrativo para obtener algún permiso, autorización o ayuda económica.

Ensayos y análisis

Se aplican en el ámbito de análisis de suelos, geológicos, de materiales, etc.

5. Memoria, planos, presupuesto, pliego de condiciones y plan de seguridad

En general, los proyectos clásicos de ingeniería están compuestos por una serie de documentos principales, salvo que, por las características específicas que pudieran existir en algún caso particular, pueda no ser preciso alguno de estos documentos.

En este apartado se va a ir describiendo cada uno de ellos, así como las principales partes que los constituyen.

5.1. Memoria

La memoria es el documento que constituye la columna vertebral del proyecto, siendo el apartado descriptivo y explicativo del mismo. En este documento se expone cuál es el objeto del proyecto, a quién se destina y dónde se instalará. En él se indican también los antecedentes y estudios previos, las hipótesis de las que se parte y la selección de estas, así como las conclusiones y resultados definitivos Cuando proceda, se podrán incluir los procesos de transporte, montaje y puesta en marcha. Puede incluir croquis explicativos.

Al final de la memoria, se debe indicar el valor total de la ejecución del proyecto (mismo valor total que aparece en el presupuesto general). A continuación, se debe plasmar la fecha de emisión y la firma de la persona que lo ha desarrollado.

La memoria puede dividirse en varios documentos:

- **Cálculos.** Son los cálculos que justifican las soluciones y resultados expresados en la memoria. Cuando proceda, se indicarán los métodos de cálculo utilizados. No será necesaria la demostración de fórmulas cuya procedencia y uso sean bien conocidos, si bien las diferentes operaciones realizadas, fases de cálculo y resultados deberán aparecer con la claridad suficiente para el adecuado seguimiento de los mismos. Solo si algún proceso matemático fuera original, se expondrá detalladamente.
- **Estudio económico.** Este apartado no se refiere al costo de ejecución del proyecto, sino a los estudios dedicados a justificar la realización: viabilidad, rentabilidad, fiabilidad, interés económico del mismo.
- **Impacto ambiental.** Se deben incluir los estudios que indican si la realización del proyecto tendría alguna repercusión positiva o negativa en el medio ambiente.
- **Anejos.** Es la información complementaria que se considere necesaria para la mejor comprensión del proyecto. Se numerarán separadamente, según su contenido.

 **Aplicación práctica**

Imagine que, para la realización de un proyecto, se utilizan una serie de programas informáticos de apoyo. Si usted se dispone a incluir en el proyecto una descripción listada de estos programas, ¿en qué parte de la memoria cree que deberá disponer este listado?

SOLUCIÓN

Al tratarse de herramientas de apoyo o complementarias, es necesario colocarlas en el apartado Anejos (como un anejo independiente).

5.2. Planos

Este documento está compuesto por dos apartados:

- **Lista de planos.** Incluye la lista de los mismos. Se agruparán por grupos o materias homogéneas, por ejemplo: planos de emplazamiento, planos de instalaciones auxiliares (agua, electricidad), planos de maquinaria, planos de conjuntos, subconjuntos, piezas, esquemas (eléctricos, electrónicos, neumáticos), etc.
- **Planos.** Incluye todos los planos listados en el apartado anterior, que deberán ser presentados según normas UNE, estar doblados para ser presentados en tamaño A-4, estar debidamente acotados y tener un cajetín (donde aparecerá el título del plano, el número, la escala, el material y el destinatario).

Plano de una instalación eléctrica

PLANTA TERRAZA

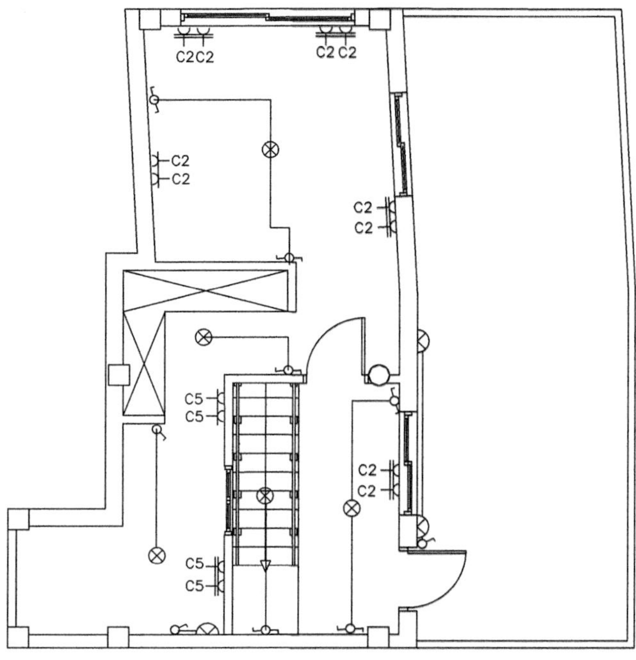

5.3. Pliego de condiciones

Es el documento en el que se fijan las exigencias, requisitos y condiciones que debe cumplir aquello que se ha proyectado. Está compuesto por:

- **Pliego de condiciones generales y económicas.** Se indicarán las Normas, Reglamentos y Leyes de carácter general que sean aplicables a la ejecución del proyecto, indicando en su caso la procedencia y ámbito de aplicación (local, regional, nacional, internacional). Se indicarán las responsabilidades contractuales, arbitraje, jurisdicción y cualquier otro requisito de seguridad, manipulación, aprobación de cambios, etc. Igualmente, se indicará el plazo y lugar de la entrega. Se indicarán, asimismo, las condiciones de tipo económico a aplicar, tales como el plazo de validez, escalación de precios por inflación, por tipo de cambio de divisas, así como premios, penalidades, forma de pago, garantías, etc.

- **Pliego de condiciones técnicas y particulares.** Se incluirán en este apartado aquellos requisitos técnicos que sean de aplicación, tales como características de materiales, componentes y equipos, normas de medición e inspección, detalles de ejecución y control del proyecto, programa de fabricación, ensayos y pruebas, programa con los plazos de ejecución del proyecto, garantías exigidas y plazos de dichas garantías. Se incluirá en este apartado cualquier condición o requisito particular que no se haya recogido en apartados anteriores, tales como instrucciones particulares de construcción, de ejecución o manejo (manual o instrucciones para el usuario), etc.

5.4. Presupuesto

El apartado del Presupuesto está compuesto por:

- **Mediciones.** Se indicarán (generalmente en tablas) las diferentes partes que integran el proyecto, agrupadas de forma homogénea en distintas partidas, indicando las cantidades de cada parte.
- **Precios unitarios.** Se indicará (generalmente en tablas) el costo unitario de cada una de las partes del apartado anterior.
- **Sumas parciales.** Se configura (generalmente en tablas) en base a los dos apartados anteriores, indicando las cantidades de cada una de las partes, su precio unitario y el importe parcial de cada una de ellas.
- **Presupuesto general.** En este apartado se indicará cada una de las partidas parciales con sus correspondientes costos y, finalmente, la suma de todas ellas, que constituye el costo total del proyecto.

Recuerde

La documentación relacionada con el montaje y mantenimiento de instalaciones eléctricas, como pueden ser los proyectos y memorias técnicas, tiene una gran importancia, ya que el objeto de los mismos suele ser la contratación, ejecución y legalización de una obra o instalación.

5.5. Estudio de seguridad y salud

El Estudio de Seguridad y Salud, como un capítulo más del Proyecto Técnico y en coherencia con él, es el conjunto de documentación que debe integrar el diseño de sistemas, medidas preventivas y protecciones técnicas necesarias para la correcta ejecución de los trabajos de la obra en las necesarias condiciones de seguridad y salud, y cuya elaboración será simultánea a la del Proyecto de Ejecución.

Como todo proyecto, el Estudio de Seguridad y Salud debe definir la forma de ejecución de la obra desde el punto de vista de la prevención, y constará de: Memoria, Pliego de Condiciones, Mediciones, Presupuesto y Planos.

El promotor estará obligado a que, en la fase de redacción del proyecto, se elabore un estudio de seguridad y salud en los proyectos de obra que estén encuadrados en alguno de los siguientes supuestos:

- Aquellas obras cuyo presupuesto de ejecución por contrata incluido en el proyecto sea igual o superior a 450 mil euros.
- Las que su duración estimada sea superior a 30 días laborales, empleándose en algún momento a más de 20 trabajadores simultáneamente.
- Las que el volumen de mano de obra estimada, entendiendo por tal la suma de los días de trabajo del total de los trabajadores en la obra, sea superior a 500.
- Las obras de túneles, galerías, conducciones subterráneas y presas.

6. Planos de situación

Los planos de situación y emplazamiento son aquellos planos que muestran la ubicación de las obras, que define el proyecto en relación con su entorno (a escala altamente reducida). Aunque no se pueden establecer diferencias semánticas entre los conceptos de situación y emplazamiento, es habitual denominar *plano de situación* al de ubicación puntual de las obras del proyecto, y emplazamiento al plano de escala algo mayor, donde se sitúan las obras de forma apreciable y queda constancia de su orientación y distribución general.

6.1. Concepto

En el plano de situación se ha de mostrar con claridad la situación de las obras dentro de un municipio, comarca, isla, provincia o incluso nación.

En los planos de situación debe quedar constancia del cercano y lejano entorno con los accesos por carretera, los municipios próximos, las ciudades distantes más importantes, puertos, aeropuertos, fábricas y demás temas de posible interés a efectos de proyecto y de obra.

En los planos de emplazamiento se esquematizan los límites de la zona del proyecto, de forma que se distingan en planta sus formas e interrelaciones locales con su entorno próximo.

Una vez efectuada la localización de la localidad en la que se pretende ubicar la instalación, se procede a la situación del proyecto, localizándolo dentro del lugar en el que se plantee llevar a cabo el estudio/proyecto.

6.2. Situación de elementos puntuales

En la siguiente imagen se muestra un ejemplo de ubicación de una nave agrícola dentro de un proyecto agroindustrial.

Importante

Los planos de situación deben mostrar los elementos principales de un proyecto, incluyendo la zona donde está ubicado.

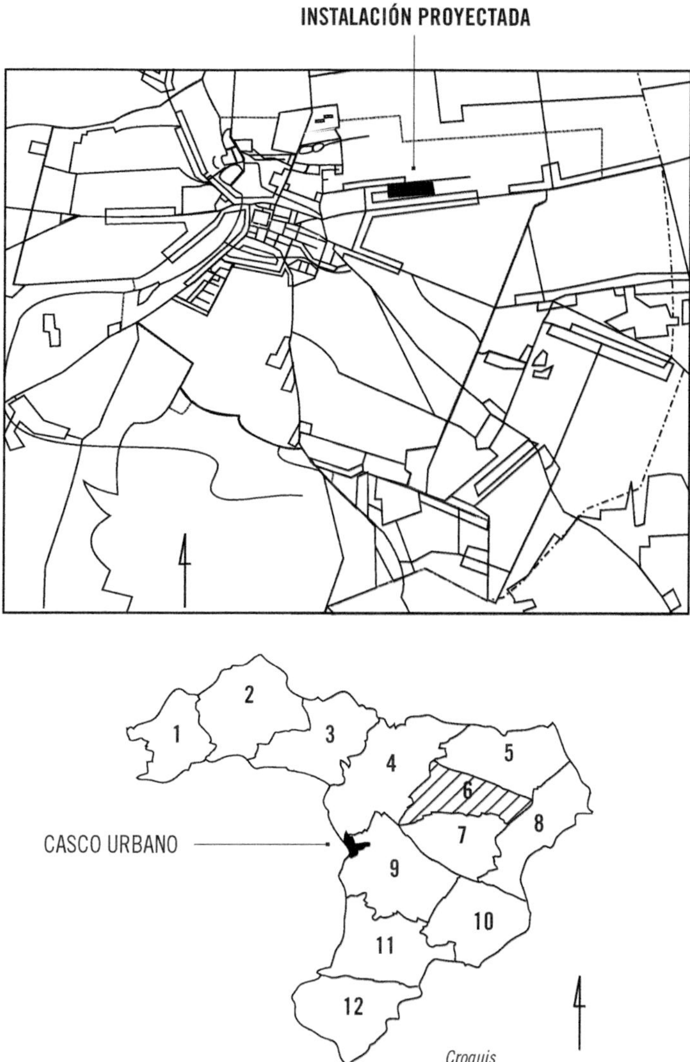

La localización situará el proyecto a nivel CEE, País y Comunidad, para posteriormente reseñar la situación de la obra dentro de la localidad, determinando:

- Polígono de la localidad.
- Parcela de la localidad.
- Situación con respecto a la localidad.
- Situación con respecto al entorno de la obra.
- Detalle de las dimensiones, ocupación o ámbito de actuación.

El objeto de la situación es permitir el acceso a la zona de obras desde la localidad que previamente se ha localizado.

Se incluirá también un plano con la situación actual de la parcela en la que se pretenden situar las actuaciones, colocando los servicios próximos a ella, sus accesos y la ubicación de las nuevas instalaciones.

Croquis

Importante

El proyecto contendrá tantos planos como sean necesarios para que el objeto del mismo quede perfectamente detallado.

6.3. Situación de obras con extensión superficial

A continuación, se muestra un ejemplo de situación en la que la extensión superficial prima sobre las actuaciones puntuales.

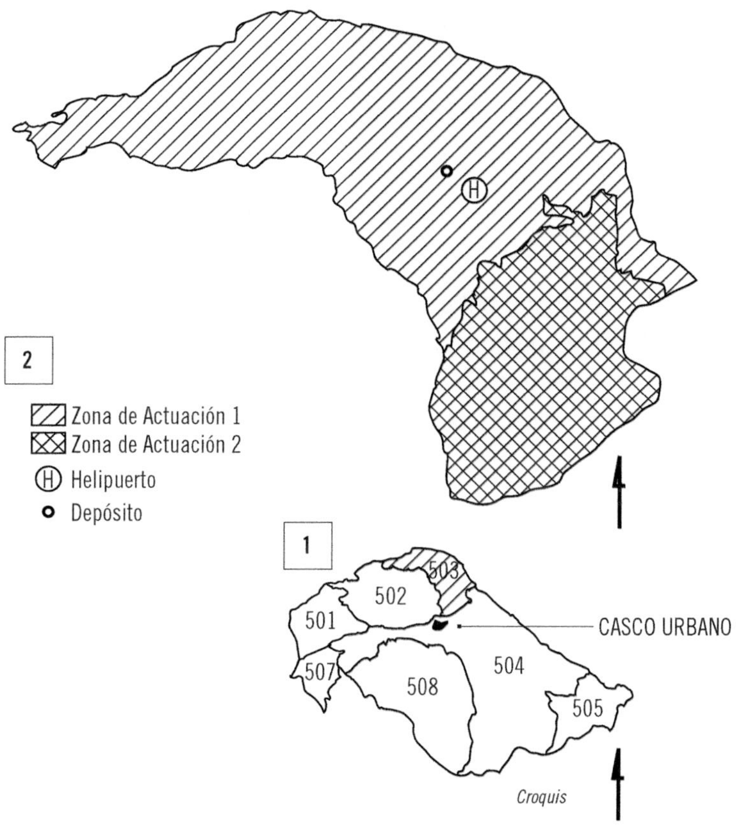

3

TÍTULO PROYECTO:

PROYECTO DE REPOBLACIÓN FORESTAL Y OBRAS COMPLEMENTARIAS

PLANO:

SITUACIÓN DE LA ACTUACIÓN

INFORMACIÓN CARTOGRÁFICA:	CLAVE:	FECHA:
División de Actuaciones	03-03-00	May 2027
Planta General de la Obra	ESCALA:	N.º PLANO:
Situación de Depósitos y Helipuerto	1:5.000	03

Esta cartografía emplea tramas para distinguir las distintas actuaciones, y símbolos (2) para ubicar actuaciones puntuales; y una segunda cartografía que resuelve la situación de la obra con respecto al casco urbano de la localidad (1). Una carátula especifica el contenido cartográfico del plano (3).

Este plano de situación resuelve:

- Situación dentro del polígono de la localidad.
- Situación de las parcelas de la localidad.
- Situación con respecto a la localidad.
- Situación con respecto al entorno de la obra.
- Ámbito de la actuación.

El acceso a la zona de obras es posible y tiene reflejo en la cartografía del proyecto.

 **Consejo**

Cuando las actuaciones abarcan varios términos municipales, varias hojas o varios planos catastrales, es conveniente emplear una leyenda que nos sitúe dentro de la actuación proyectada para enclavar el plano dentro de nuestra obra.

6.4. Situación de obras lineales

Para las obras lineales, en las que la definición geométrica principal es un eje, se marcará la disposición de las obras con una leyenda, generalmente aumentando el grosor de la situación de las actuaciones.

La siguiente imagen muestra una mejora de un regadío por gravedad.

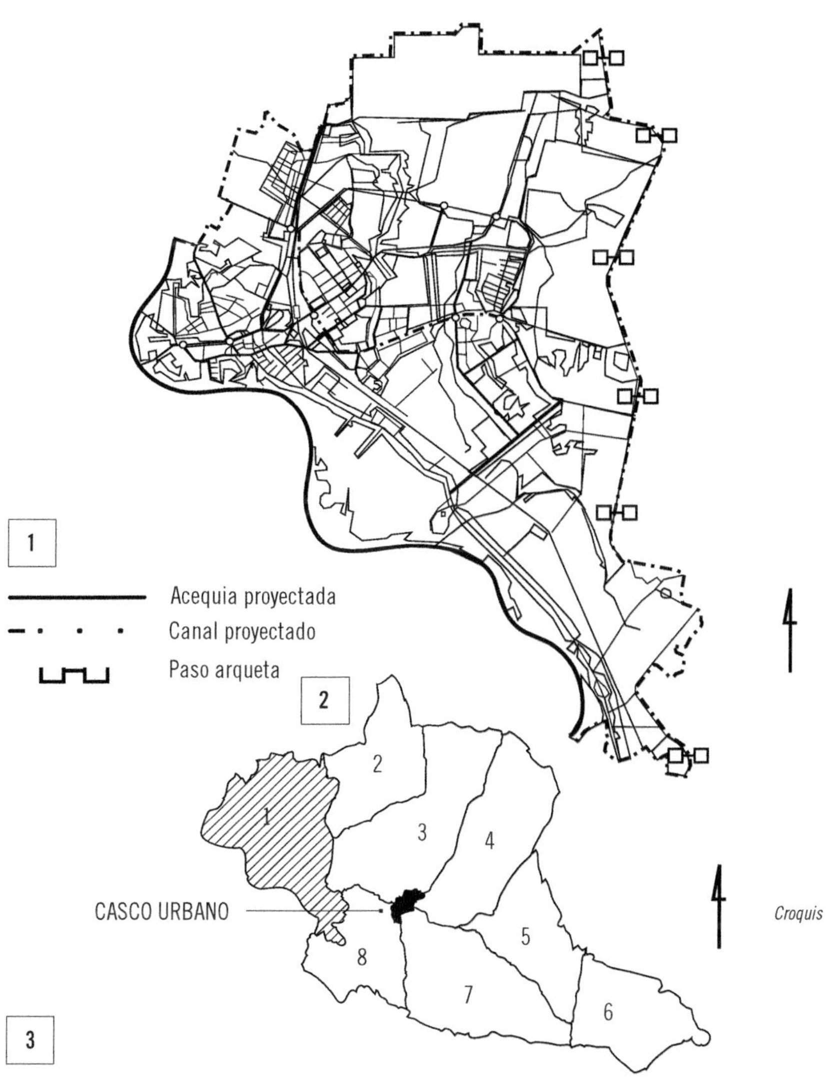

TÍTULO PROYECTO:

MEJORA DE REGADÍO POR GRAVEDAD

PLANO:

SITUACIÓN DE LA ACTUACIÓN

INFORMACIÓN CARTOGRÁFICA: *ESCALA:*   *N.º PLANO:*

1:5.000   05

Con la leyenda, se especifica el contenido cartográfico creado y la definición de elementos para la obra (1). Esta leyenda emplea símbolos para las actuaciones puntuales y grafismos, líneas con grosor, para las obras lineales.

El emplazamiento en la localidad se indica mediante el empleo de un croquis (2) y una carátula (3), que especifica todo el contenido cartográfico del plano expuesto, junto con el origen de la cartografía base.

 ## Aplicación práctica

El siguiente ejemplo de situación de obras de líneas muestra un plano de situación de una red de caminos agrícolas. Indique a lo que corresponde cada numeración.

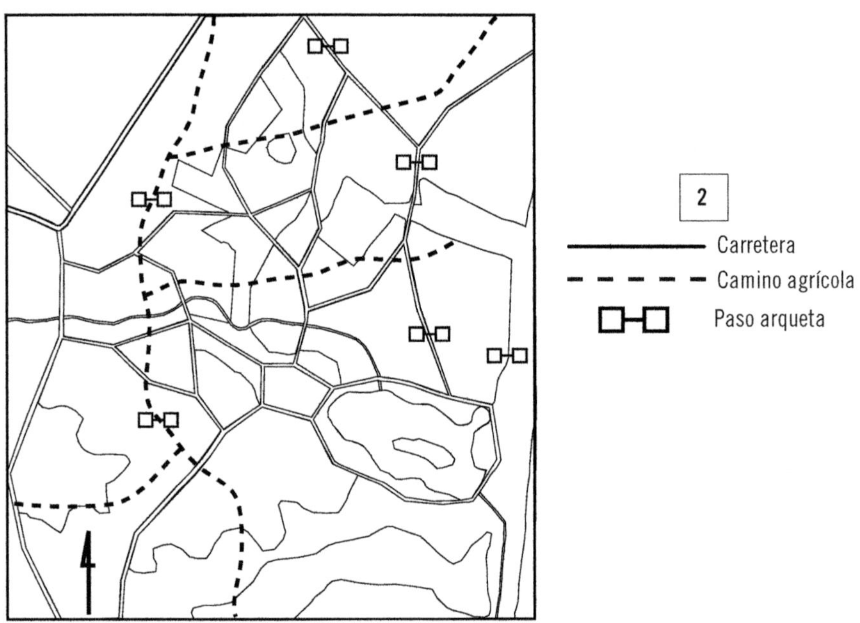

Continúa en página siguiente >>

<< Viene de página anterior

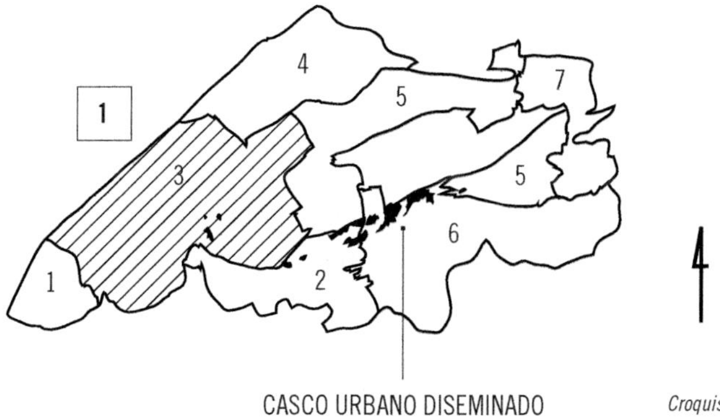

3

TÍTULO PROYECTO:

OBRAS DE LÍNEAS. RED DE CAMINOS AGRÍCOLAS

PLANO:

SITUACIÓN DE LA ACTUACIÓN

INFORMACIÓN CARTOGRÁFICA:　　　　　*ESCALA:*　　　*N.º PLANO:*

1:5.000　　　　　　　10

SOLUCIÓN

1. Situación a nivel local.
2. Leyenda de los elementos del plano.
3. Carátula

7. Planos de detalle y de conjunto

El plano de conjunto presenta una visión general del dispositivo a construir, de forma que se puede ver la situación de las distintas piezas que lo componen, con la relación y las concordancias existentes entre ellas.

Por otro lado, los denominados planos de detalle se utilizan para acotar con detalle una pieza pequeña que se tiene que construir o ensamblar.

En este apartado, se van a tratar las características y conceptos básicos relacionados con estos dos tipos de planos.

7.1. Planos de conjunto

En la siguiente imagen, se puede observar un ejemplo de un plano de conjunto.

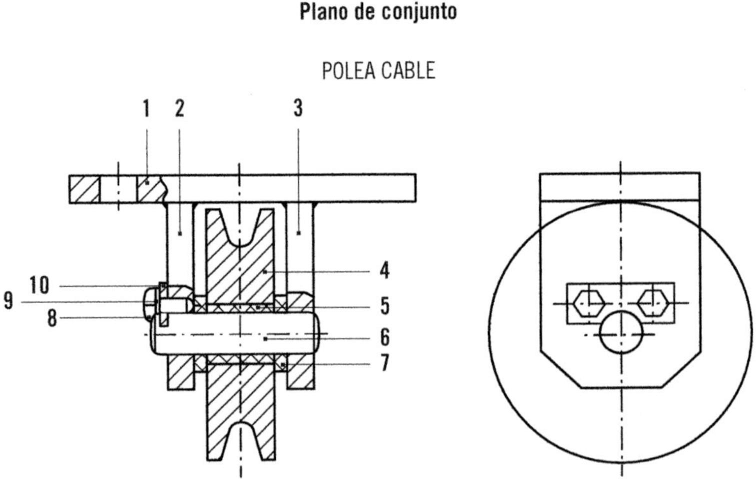

 **Importante**

La función principal del plano de conjunto consiste en hacer posible el montaje. Esto implica que debe primar la visión de la situación de las distintas partes sobre la representación del detalle.

Existen algunas características aplicables a cualquier plano de conjunto:

- A la hora de realizar el plano de conjunto, se deben tener en cuenta todas las cuestiones relativas de la normalización: formato de dibujo, grosores de línea, escalas, disposición de vistas, cortes y secciones, etc.
- En el plano de conjunto se deben dibujar las vistas necesarias. En la figura del ejemplo, no es necesario dibujar la vista del perfil izquierdo, puesto que se ven y referencian todas las piezas en el alzado. Se han incluido para dar una mejor idea de la forma del conjunto.
- Para ver las piezas interiores, se deben realizar los cortes necesarios. Puesto que lo que importa es ver la distribución de las piezas, se pueden combinar distintos cortes en la misma vista.
- En el plano de conjunto hay que identificar todas las piezas que lo componen. Por eso, hay que asignar una marca a cada pieza, relacionándolas por medio de una línea de referencia. Estas marcas son fundamentales para la identificación de las piezas a lo largo de la documentación y del proceso de fabricación.
- Para tener completamente identificadas las piezas, hay que incluir en el plano de conjunto una lista de elementos. En esta lista, se debe añadir información que no se puede ver en el dibujo, como las dimensiones generales, las dimensiones nominales, la designación normalizada, las referencias normalizadas o comerciales, materiales, etc.
- Puesto que están perfectamente identificadas las piezas del conjunto, se puede simplificar su representación, especialmente en el caso de elementos normalizados o comerciales.

- Todo dibujo técnico debe incluir las cotas necesarias. Puesto que las piezas ya están terminadas, en los planos del conjunto únicamente se dispondrán las cotas necesarias para la realización o comprobación del montaje.

 **Aplicación práctica**

En la siguiente figura se representa un conjunto con cuatro piezas, donde se ve claramente la situación de cada una de ellas.

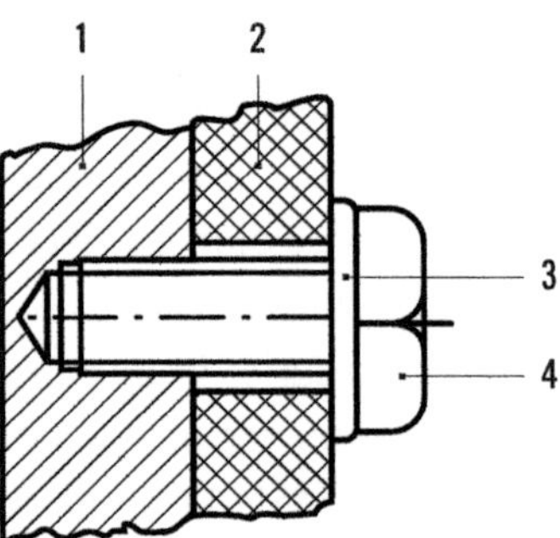

Marca	N° Pieza	Designación y observaciones	Norma
1	1	Pieza 1	
2	1	Pieza 2	
3	1	Arandela plana biselada 6,4	DIN 125
4	1	Tornillo hex. M6x16 mg 8.8	DIN 933

Razone si, desde el punto de vista del montaje, sería equivalente utilizar el siguiente plano:

Continúa en página siguiente >>

<< Viene de página anterior

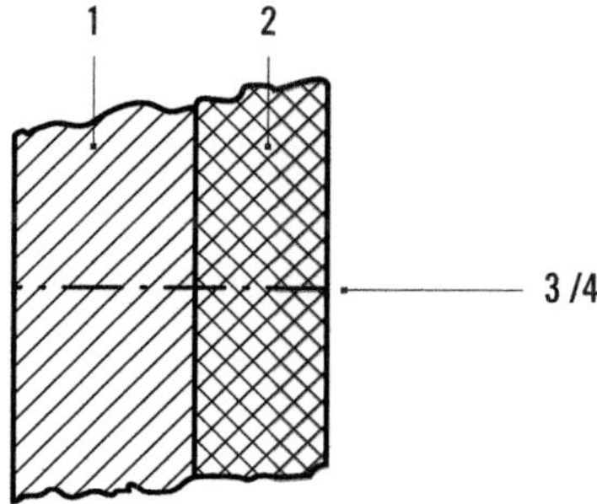

SOLUCIÓN

En la segunda figura se ha simplificado la representación del tornillo y de la arandela. Puesto que son elementos perfectamente identificados, y quien lo vaya a montar tendrá los conocimientos suficientes para montar de forma correcta tanto el tornillo como la arandela, el resultado final será el mismo. De esta manera, se ha simplificado el dibujo, facilitando su comprensión y reduciendo el tiempo de realización del mismo.

7.2. Planos de detalle

Estos planos se hacen frecuentemente para representar totalmente objetos sencillos, tales como piezas de mobiliario, donde las piezas son pocas y no tienen formas complicadas. Todas las dimensiones y la información necesaria para la construcción de dicha pieza y para el montaje de todas las piezas se dan directamente en el plano de montaje.

Los planos de detalles podrán ser realizados fuera de escala, de forma que se puedan apreciar los detalles de montaje o constructivos.

Cada plano deberá incluir en la esquina inferior derecha del recuadro un rótulo donde, por lo menos, deberá consignar la siguiente información:

- Razón Social o nombre de la Distribuidora o Comitente.
- Número de plano.

- Fecha.
- Designación y descripción simplificada del objeto del plano.
- Escala/s del dibujo.
- Número de hoja y cantidad de hojas.
- En el caso de anular o modificar planos anteriores, indicar número y fecha del reemplazado.
- Nombre, firma, profesión, colegio profesional y número de matrícula del ingeniero responsable.

Tipos de planos de detalle

A continuación, se describen los tipos de planos de detalle más utilizados en la representación de piezas, maquinaria e instalaciones.

Planos de detalle de diseño

Cuando se diseña una máquina, lo primero que se hace es un plano o proyecto de detalle para visualizar claramente el funcionamiento, la forma y el juego de las diferentes piezas. A partir de los planos de detalle, se hacen los dibujos de detalle y a cada pieza se le asigna un número.

Para facilitar el ensamblaje de la máquina, en el plano de detalle se colocan los números de las diferentes piezas o detalles a representar. Esto se hace uniendo pequeños círculos (de 3/8 pulg. a ½ de pulg. de diámetro) que contienen el número de la pieza, con las piezas correspondientes por medio de líneas indicadoras.

Es importante que los dibujos de detalle no tengan planes de numeración idénticos cuando se utilizan varias listas de materiales.

Planos de detalle para instalación

Este tipo de plano de detalle se utiliza cuando se emplean muchas personas inexpertas para ensamblar las diferentes piezas.

Como estas personas, generalmente, no están adiestradas en la lectura de planos técnicos, se utilizan planos pictóricos simplificados para el montaje.

Planos de detalle para catálogos

Son planos de detalle especialmente preparados para catálogos de compañías. Estos planos de detalle muestran únicamente los detalles y las dimensiones que pueden interesar al comprador potencial. Con frecuencia, el plano tiene dimensiones expresadas con letras y viene acompañado por una tabla que se utiliza para abarcar una gama de dimensiones.

Planos de detalle desarmados

Cuando una máquina requiere servicio, por lo general las reparaciones se hacen localmente y no se regresa la máquina a la compañía constructora. Este tipo de plano se utiliza frecuentemente en la industria de reparación de aparatos, la cual emplea los planos de detalle para los trabajos de reparación y para el periodo de piezas de repuesto.

8. Diagramas, flujogramas y cronogramas

Los diagramas son gráficos que muestran la forma en la que cierta información está relacionada. Dentro de estos, los cronogramas y los flujogramas son de gran utilidad, debido a que ayudan a tener una visualización clara del desarrollo de actividades.

8.1. Diagramas

Los diagramas se utilizan, generalmente, para facilitar el entendimiento de largas cantidades de datos y establecer relaciones entre ellos.

Los diagramas pueden ser leídos más rápidamente que los datos en bruto de los que proceden, se utilizan en una amplia variedad de campos y pueden ser creados a mano o incluso por ordenador (mediante aplicaciones informáticas concretas).

Definición

Diagrama
Es un dibujo geométrico que sirve para demostrar una proposición, resolver un problema o representar de una manera gráfica la ley de variación de un fenómeno.

Existen distintos tipos de diagramas, que se diferencian en el tipo de codificación que utilizan para llevar a cabo un proceso. A continuación, se verán los **flujogramas** y los **cronogramas.**

8.2. Flujogramas

Un diagrama de flujo o flujograma es una representación gráfica de los pasos a seguir para llevar a cabo un proceso, partiendo de una entrada y, después de realizar una serie de acciones, se llega a una salida.

Los flujogramas presentan información clara, ordenada y concisa de un proceso. Están formados por una serie de símbolos unidos por flechas. Cada símbolo representa una acción específica y las flechas entre los símbolos representan el orden de realización de las acciones.

Las diferentes cuestiones que puede indicar un flujograma son las siguientes:

- Dónde comienza el proceso.
- Todas las actividades que se realizan.
- Todas las tomas de decisiones que se hacen.
- Tiempos de espera.
- Cuáles son los resultados.
- Dónde termina el proceso.

En la siguiente tabla se encuentran los símbolos más comunes.

Símbolo	Nombre	Actividad
	Inicio / Fin	Es un rectángulo redondeado, on las palabras "inicio" o "fin" dentro del símbolo. Indica cuándo comienza y termina un proceso.
	Actividad	Es un rectángulo, dentro del cual se describe brevemente la actividad o proceso que indica.
	Decisión	Es un rombo con una pregunta dentro. A partir de este, el proceso se ramifica de acuerdo a las respuestas posibles (generalmente son "sí" y "no"). Cada camino se señala de acuerdo con la respuesta.
	Líneas de flujo o fluido de dirección	Son flechas que conectan pasos del proceso. La punta de la flecha indica la dirección del flujo del proceso.
	Conector	Se utiliza un círculo para indicar el fin o el principio de una página que conecta con otra. El número de la página que precede o procede se coloca dentro del círculo.

Recuerde

Los diagramas son gráficos que muestran la forma en la que cierta información está relacionada.

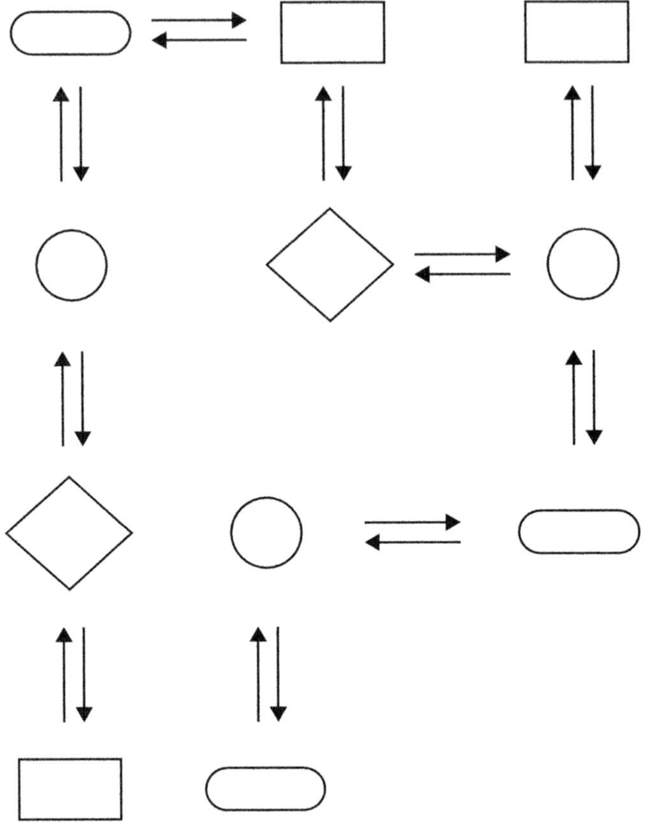

 ## Aplicación práctica

Elabore un diagrama de flujo para verificar el funcionamiento de un panel solar, en caso de no producir energía. Este proceso constará de los siguientes pasos:

1. Verificar que hay radiación solar. En caso negativo, comprobar la carga de las baterías (fin del proceso).
2. En el caso de que exista radiación, comprobar que el regulador funciona correctamente. En el caso de que lo haga, sustituir los paneles (fin del proceso). En caso contrario, sustituir el regulador (fin del proceso).

Continúa en página siguiente >>

<< Viene de página anterior

SOLUCIÓN

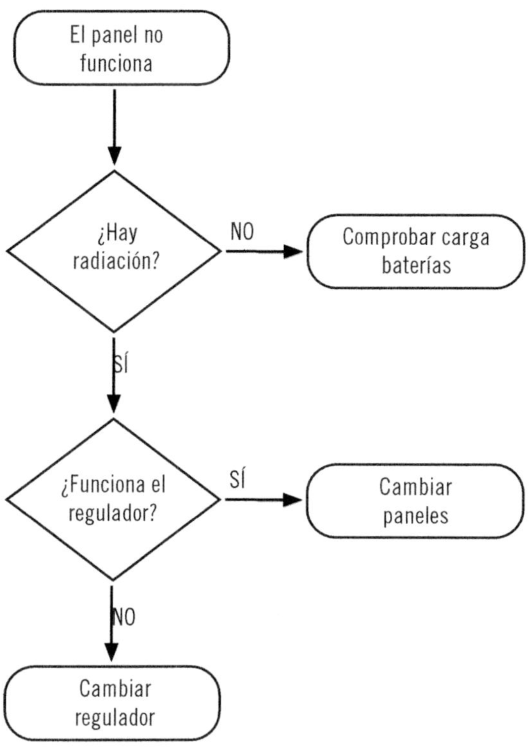

8.3. Cronogramas

Los cronogramas son secuencias detalladas y cronológicas de las actividades a realizar para lograr los objetivos propuestos. Se simbolizan con cuadros de filas y columnas, dentro de las cuales se registran las actividades de una manera cronológica.

Los cronogramas, al igual que los flujogramas, son muy utilizados en departamentos y empresas, ya que ayudan a tener una visión general del desarrollo de las actividades respecto al tiempo. De esta forma, se puede establecer una secuencia que indica lo que se ejecuta primero y después, además de precisar cuándo se inicia una actividad y cuándo finaliza.

A continuación, se muestra un cronograma a modo de ejemplo.

	Inicio/ Fin	Total (días)	12 Agosto	13 Agosto	14 Agosto	15 Agosto	16 Agosto
Panel	12-16	5					
Elección	12-14	3					
Compra	14	1					
Testeo	15-16	2					
Otros elementos	12-15	3					
Regulador (solo compras)	16-16	1					
Baterías (solo testeo)	12-14	3					

9. Procedimientos y operaciones de replanteo de las instalaciones

El replanteo de cualquier instalación se efectúa antes (incluso durante) de realizar la albañilería, siendo una actividad muy importante para su funcionamiento, así como el cumplimiento de la legalidad.

Para poder replantear una instalación (fotovoltaica, térmica, eléctrica, etc.) en un edificio, es necesario conocerla en todos sus detalles.

9.1. ¿Qué es el replanteo?

El replanteo consiste en marcar en el terreno los puntos donde se ubicará físicamente un proyecto (instalación, construcción, etc.), y suele constar de varias fases, que son las siguientes:

■ **Recopilación de información y comprobación.** En la primera fase del replanteo de una instalación, es fundamental disponer de los planos, tanto de de la instalación como de la zona donde se ubicará materialmente el proyecto. Es muy recomendable disponer de estos planos en formato digital. Una vez que se disponga de los planos necesarios, habrá que definir los puntos de replanteo (la exactitud dependerá de la naturaleza del proyecto).

■ **Encaje del proyecto y obtención de las coordenadas de los puntos a replantear.** A la hora de encajar y obtener los puntos a replantear, es fundamental hacerlo sin prisas y con la mayor exactitud posible. Para esto, es muy recomendable utilizar un programa CAD, ya que estos programas integran herramientas y comandos especialmente desarrollados para este fin.

■ **Replanteo en campo.** En esta fase, se indican los puntos a replantear sobre la propia ubicación. Para ello, se suelen utilizar instrumentos que faciliten dicha operación, como cuerdas, cintas, taquímetros, etc.

■ **Elaboración de la documentación del replanteo.** Una vez definidos los puntos de replanteo, conviene hacer un listado de los mismos, los cuales conformarán la denominada documentación del replanteo.

9.2. Replanteo fotovoltaico

El replanteo de toda instalación solar fotovoltaica siempre debe tenerse en cuenta a la hora de realizar el proyecto general del edificio en el cual se va a realizar dicha instalación. Por este motivo, las decisiones de diseño y de cálculo de estructura de un edificio son decisivas para poder realizar el proyecto de una instalación solar fotovoltaica en dicha obra.

A continuación, se enumeran algunas consideraciones y factores a tener en cuenta en el replanteo de estas instalaciones:

■ Para poder tener en cuenta los condicionantes inevitables del edificio, se deben considerar los requisitos y elementos esenciales que tenga la instalación solar fotovoltaica a instalar: sistema de generación, acumulación, regulación, etc.

- El sistema de generación suele componerse de elementos voluminosos, salvo que se posean sistemas auxiliares, que disminuirán dicho volumen. Estos sistemas de captación, como son los captadores solares, tienen un gran impacto visual.
- La instalación de los captadores suele tener una forma de colocación y orientación bastante estricta, a lo que hay que sumar la cantidad de normativa que les afecta, debido a su impacto visual. Este es el principal inconveniente a la hora de diseñar las cubiertas.

  En el proyecto de un edificio, la instalación solar debe tenerse en cuenta desde una fase muy temprana de su desarrollo. Esto es debido a que se pueda optimizar el rendimiento de las instalaciones, teniendo en cuenta la orientación y las condiciones geométricas. En caso contrario, pueden terminar resultando muy difíciles de encajar.
- Siempre debe tenerse muy en cuenta la normativa urbanística que condiciona el volumen del edificio para el que se proyectan las instalaciones solares. Esto no afecta a las parcelas que permitan suficiente área de movimiento, por lo que poseerán gran libertad para colocar los captadores.
- Otro gran condicionante lo constituye el volumen de acumulación. Es normal que las ordenanzas municipales impidan la instalación de los acumuladores en las cubiertas de los edificios, por impacto visual. Los cuartos necesarios para estos depósitos tienen grandes dimensiones.

 **Recuerde**

Todas estas consideraciones son las que hay que tener en cuenta principalmente antes de empezar con el cálculo propiamente dicho.

10. Equipos informáticos para representación y diseño asistido

El avance de la maquinaria ha jugado un papel fundamental en el desarrollo tecnológico mundial, hasta el punto de que no es exagerado decir que la tasa del desarrollo de las máquinas gobierna directamente la tasa del desarrollo industrial.

10.1. El diseño y manufactura asistidos por computadora (CAD/CAM)

El CAD/CAM es el proceso en el cual se utilizan los ordenadores o computadoras para mejorar la fabricación, desarrollo y diseño de los productos. Gracias a esto, se puede fabricar más rápido, con mayor precisión y a un precio inferior, con la aplicación adecuada de tecnología informática.

Los sistemas de Diseño Asistido por Ordenador (CAD, acrónimo de *Computer Aided Design)* pueden utilizarse para generar modelos con muchas (o todas) de las características de un producto concreto. Estas características son el tamaño, el contorno, la forma de cada componente, etc., almacenados como dibujos bidimensionales y tridimensionales.

Una vez que estos datos dimensionales han sido introducidos y almacenados en el sistema informático, el diseñador puede manipularlos o modificar las ideas del diseño con mayor facilidad, y así avanzar en el desarrollo. Además, se pueden compartir (los datos) e integrar las ideas combinadas de infinidad de diseñadores, ya que es posible la comunicación de los datos dentro de redes informáticas, con lo que los diseñadores e ingenieros, situados en lugares distantes, pueden trabajar como si estuviesen en el mismo estudio.

Los sistemas CAD también permiten la simulación del funcionamiento de un producto. Por ejemplo, pueden hacer posible la verificación y cálculo de un circuito electrónico propuesto (si funcionará tal y como está previsto); si un puente será capaz de soportar los esfuerzos pronosticados sin peligro; e incluso si una salsa de tomate fluirá adecuadamente desde un envase recién diseñado.

Plano realizado con un *software* CAD

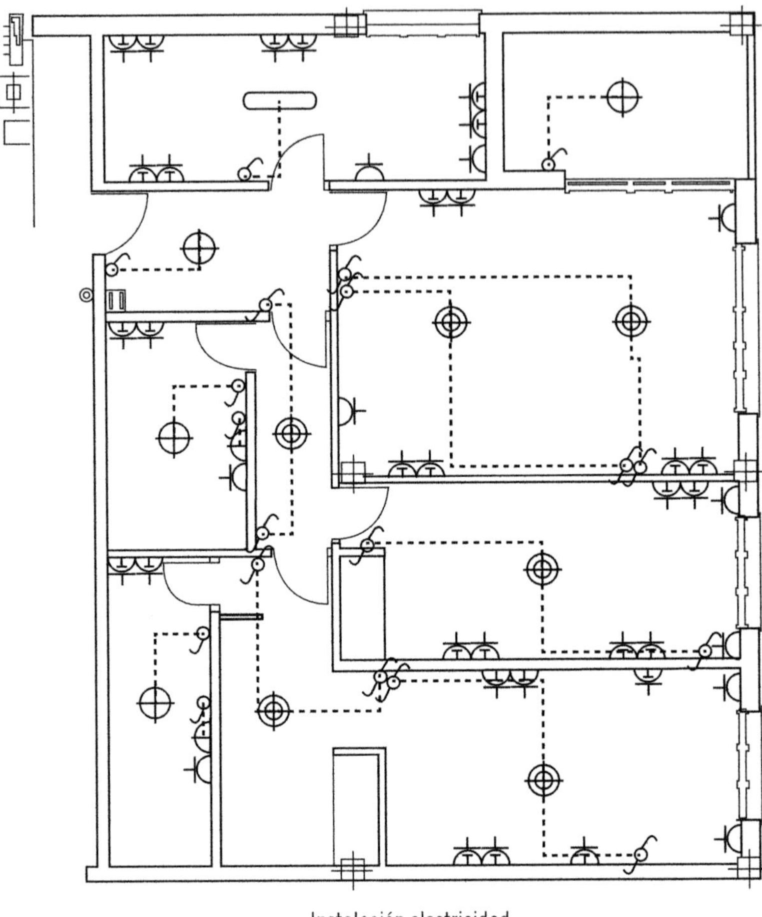

Instalación electricidad
E=1:100

Nota

Cuando los sistemas CAD se conectan a equipos de fabricación también controlados por ordenador, conforman un sistema integrado CAD/CAM (CAM, acrónimo de *Computer Aided Manufacturing*).

La Fabricación Asistida por Ordenador (CAM) ofrece ciertas ventajas importantes con respecto a los métodos más tradicionales de controlar equipos de fabricación con ordenadores, en lugar de hacerlo con operadores humanos. Por lo general, los equipos CAM eliminan los errores del operador y se reducen los costes de mano de obra. Sin embargo, la precisión constante y el uso óptimo del equipo representan ventajas aún mayores. Por ejemplo, las cuchillas y herramientas de corte se desgastarían más lentamente y se estropearían con menos frecuencia, por lo que se reducirían todavía más los costes de fabricación.

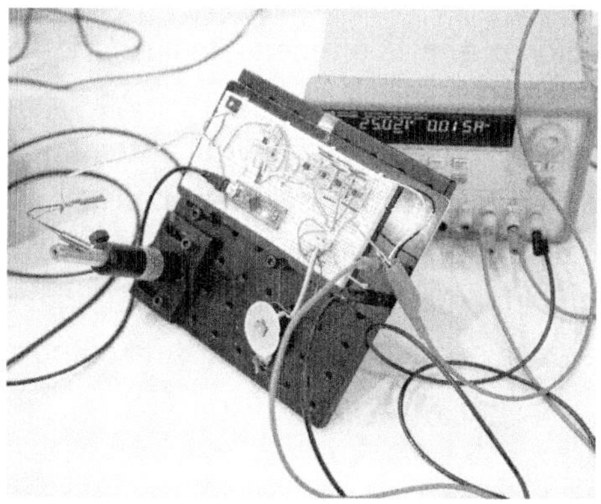

Los equipos CAM se basan en un conjunto de códigos numéricos, almacenados en archivos informáticos, para controlar las tareas de fabricación. Este Control Numérico por Computadora (CNC) se obtiene describiendo las operaciones de la máquina en términos de los códigos especiales y de la geometría de los componentes, creando archivos informáticos especializados o programas de piezas. La creación de estos programas de piezas es una tarea que, en gran medida, se realiza hoy día por *software* informático especializado, que crea el vínculo entre los sistemas CAD y CAM.

Las características de los sistemas CAD/CAM son aprovechadas por los diseñadores, ingenieros y fabricantes, para adaptarlas a las necesidades que se les planteen.

 **Ejemplo**

Un diseñador puede utilizar el sistema para crear rápidamente un primer prototipo, mientras que otro puede emplear este sistema porque es la única forma de fabricar con precisión un componente complejo.

La gama de prestaciones que se ofrecen a los usuarios de CAD/CAM está en constante expansión. Los fabricantes de ropa pueden diseñar el patrón de una prenda en un sistema CAD, este patrón se sitúa automáticamente sobre la tela y así se reduce al máximo el derroche de material, al ser cortado con una sierra o un láser CNC. Además de la información CAD, que describe el contorno de un componente, es posible efectuar la elección del material más adecuado para su fabricación en una base de datos y emplear una combinación de máquinas CNC para producirlo.

La futura evolución incluirá la integración aún mayor de sistemas de realidad virtual, que permitirá a los diseñadores interactuar con prototipos virtuales de los diseños mediante la computadora, en lugar de tener que construir costosas simulaciones para comprobar su viabilidad.

10.2. *Hardware* para el diseño y representación

A continuación, se procede a listar algunos ejemplos de equipos informáticos relacionados con el diseño y la representación asistida por ordenador:

- **Tableta digitalizadora.** Una tableta digitalizadora es un periférico que permite al usuario dibujar a mano sobre la misma. Estos trazos son automáticamente digitalizados.
- **Plóter.** Un plóter o trazador gráfico es un *hardware* especialmente diseñado para imprimir gráficos vectoriales o dibujos lineales. Estos equipos son muy utilizados en la ingeniería, el diseño y la arquitectura y, por lo general, permiten impresiones de gran tamaño.

■ **Pizarra digital interactiva (PDI).** Las PDI son sistemas constituidos por videoproyector y un dispositivo de control (puntero). El proyector plasma en una superficie interactiva contenidos digitales en un formato adecuado para visualizaciones colectivas, pudiéndose interactuar directamente sobre la superficie de proyección.

La pizarra digital interactiva

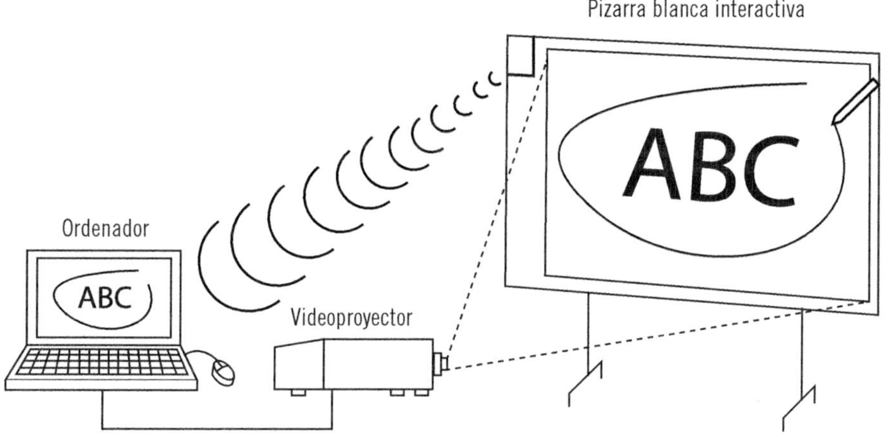

11. Programas de diseño asistido

El diseño asistido por computador (computadora u ordenador), abreviado como DAO (Diseño Asistido por Ordenador), pero más conocido por sus siglas inglesas CAD (Computer Aided Design), es el uso de un amplio rango de herramientas computacionales que asisten a ingenieros, arquitectos y a otros profesionales del diseño en sus respectivas actividades.

El CAD es también utilizado en el marco de procesos de administración del ciclo de vida de productos *(Product Lifecycle Management).*

Estas herramientas se pueden dividir, básicamente, en programas de dibujo en dos dimensiones (2D) y modeladores en tres dimensiones (3D). Las herramientas de dibujo en 2D se basan en entidades geométricas vectoriales, como puntos, líneas, arcos y polígonos, con las que se puede operar a través de una interfaz gráfica, mientras que los modelos en 3D añaden superficies volumétricas y sólidos.

Por tanto, se trata de una base de datos de entidades geométricas (puntos, líneas, arcos, etc.). Permite diseñar en dos o tres dimensiones, mediante geometría alámbrica (puntos, líneas, arcos, splines), superficies y sólidos, para obtener un modelo numérico de un objeto o conjunto de ellos. Un conjunto de estas líneas alámbricas puede definir un objeto en 3D.

El usuario puede asociar a cada entidad una serie de propiedades, como color, capa, estilo de línea, nombre, definición geométrica, etc., que permiten manejar la información de forma lógica. Además, pueden asociarse a las entidades o conjuntos de estas otro tipo de propiedades, como el material, que permiten enlazar el CAD a los sistemas de gestión y producción.

De los modelos pueden obtenerse planos con cotas y anotaciones, para generar la documentación técnica específica de cada proyecto. Los modeladores en 3D pueden, además, producir previsualizaciones fotorealistas del producto, aunque, a menudo, se prefiere exportar los modelos a programas especializados en visualización y animación, como *Maya, Softimage XSI* o *3D Studio Max.*

A continuación, se enumeran algunos de los programas de diseño gráfico más populares:

- **3D Studio.** De la compañía Autodesk, es un programa de diseño y animación 3D muy conocido. Habitualmente está orientado a la creación de videojuegos y diseño de interiores (viviendas).
- **Adobe Illustrator.** Es uno de los programas más populares de la casa Adobe y está orientado al dibujo artístico y gráficos para ilustración.
- **Autocad.** También de Autodesk, el programa *AutoCAD* es uno de los programas de diseño asistido más populares y utilizados, ya que permite el dibujo de cualquier objeto en 2D o en 3D. Es muy utilizado en el sector de la construcción.
- **CorelDRAW.** Es un *software* de dibujo vectoria flexible relativamente sencillo y está diseñado para suplir, de forma rápida y eficiente, múltiples necesidades relacionadas con la maquetación de páginas para impresión y para el diseño web. Pertenece a la compañía Corel.

Otros programas de diseño asistido son los siguientes:

- *BRL-CAD*
- *Catia*
- *Creo Elements/Pro*
- *FreeCad*
- *gCAD3D*
- *LibreCAD*
- *NX Unigraphics*
- *PythonCAD*
- *SketchUp*
- *SolidWorks*
- *Solid Edge*
- *Fusion 360*
- *Sketchup*
- *Revit y Rhino*

12. Diseño y dimensionado mediante soporte informático de instalaciones solares fotovoltaicas

Los avances de los últimos años han influido en el campo de la informática aplicada a la tecnología solar, dando lugar a programas de dimensionamiento y simulación que permiten conocer, de antemano, el comportamiento de un sistema solar fotovoltaico (o térmico) y la eficiencia que puede alcanzar, además del ahorro económico que, a lo largo de la vida útil de la instalación, se podrá percibir.

12.1. Características de las aplicaciones

Los programas informáticos de diseño de instalaciones solares constituyen herramientas de gran utilidad para el estudio y el análisis de aspectos básicos de la energía solar, ya que pueden efectuar el dimensionado previo de este tipo de instalaciones.

Existen multitud de programas (algunos más sencillos y atractivos que otros), por lo que no se puede hablar únicamente de una tipología.

A continuación, se listan las características que, en general, muestran este tipo de programas:

- Permiten el dimensionado de instalaciones solares fotovoltaicas.

 **Nota**

Las instalaciones híbridas sirven de apoyo a los generadores fotovoltaicos, para una producción energética más eficiente. Los más conocidos son los aerogeneradores y los grupos electrógenos.

- Pueden permitir la inclusión de instalaciones híbridas.
- Permiten realizar simulaciones de instalaciones reales.
- Pueden mostrar estados locales y globales del sistema.

12.2. Estructura y funcionamiento de las aplicaciones

Respecto al funcionamiento, los programas de dimensionado fotovoltaico suelen funcionar de la siguiente forma:

1. Selección por parte del usuario de los elementos y datos iniciales para el dimensionado de la instalación. Para ello, es muy recomendable que el programa disponga de alguna base de datos que el usuario pueda consultar (o incluso modificar).
2. Comprobación de la validez de los datos introducidos y ejecución del proceso de dimensionado. El programa debería poder evaluar la instalación en función de la ubicación, el consumo, los paneles fotovoltaicos

Sabía que...

Para facilitar su uso, muchos programas disponen de un apartado de ayuda, con información relativa a las características de las instalaciones y su dimensionado, un manual de usuario y un asistente, que permita guiar al usuario en el proceso de dimensionado, ayudándole a comprenderlo.

Aplicación práctica

¿Cree que un programa para el dimensionado de una instalación fotovoltaica debe tener en cuenta el sombreado externo (especificado por el usuario) que pueda afectar a la instalación?

SOLUCIÓN

Sí, ya que las pérdidas por sombreado exterior es un aspecto que va a influir en el rendimiento de la instalación, por lo que hay que tenerlo en cuenta en el diseño y dimensionado.

seleccionados, baterías, reguladores, inversores, y del resto de componentes que intervengan en el sistema.

3. Representación de los resultados obtenidos mediante gráficas, que informan al usuario de la viabilidad del sistema, el coste y el balance energético.

13. Visualización e interpletación de planos digitalizados

Los programas de diseño de objetos reales son un tipo de programas CAD, que sirven para diseñar piezas, edificios y otros elementos reales. Se trata de programas de dibujo vectorial y han de ser muy exactos para poder controlar e interrelacionar entidades que se están dibujando, ya que los objetos que se construyan estarán basados en los diseños hechos con este tipo de programas.

Un dibujo vectorial es una imagen formada por un conjunto de elementos geométricos, definidos por fórmulas matemáticas. La principal característica que presenta este dibujo es la de poder ampliar y redimensionar las imágenes sin pérdida de calidad, incluyendo la redimensión de anchura o altura que no sea proporcional.

13.1. Opciones de los programas de dibujo de planos

Dentro de los programas de diseño de objetos reales, destacan los que se especializan en el dibujo de planos. Las opciones fundamentales que proporciona esta tipología son las siguientes:

- **Capas.** El trabajo con capas permite distinguir entre distintos grupos de líneas y objetos, y visualizarlos o activarlos según la necesidad. También es posible trabajar con capas superpuestas en un mismo plano, para comprobar que encajan y modificarlas luego por separado.
- **Medidas reales.** La medida de las longitudes y superficies de las figuras diseñadas.
- **Acotación.** Permite señalar la acotación, de forma normalizada, de líneas y ángulos.
- **Referencia a objetos.** Definición automática de puntos significativos de las entidades ya dibujadas (punto medio, final, centro, tangente...), y posibilidad de referirse a ellos para crear figuras.
- **Colores.** En los programas de dibujo vectorial, cada color suele usarse para identificar un conjunto de elementos (grosores de línea, cotas, capas, etc.).
- **Dibujar en 3D.** Se pueden definir figuras en tres planos, para conseguir la tridimensionalidad según las coordenadas (X, Y, Z) de cada punto, o dibujo de entidades tridimensionales directamente.

Plano de un edificio realizado con autocad

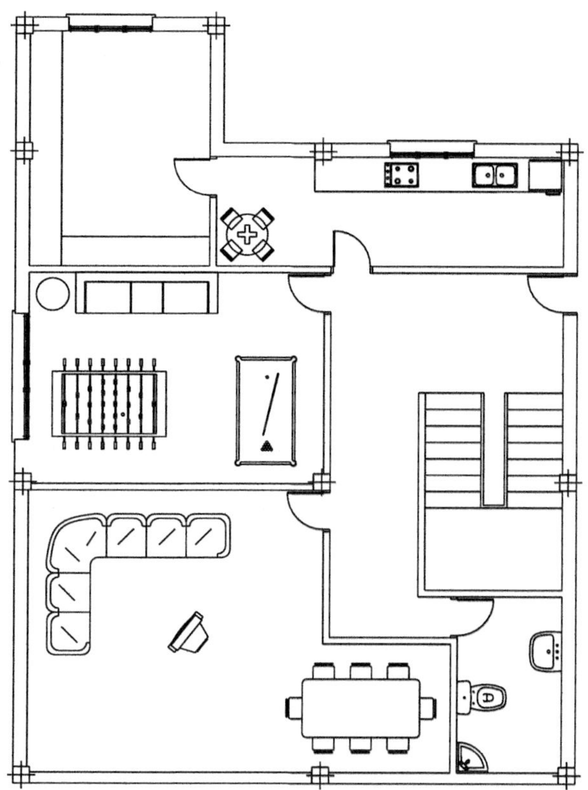

Aplicación práctica

Imagine que dispone del plano de un edificio (con un programa CAD) y quiere dibujar la instalación eléctrica y de fontanería, ¿a qué opción debería recurrir?

SOLUCIÓN

Para diferenciar ambas instalaciones, sería muy recomendable recurrir a la opción de Capas y crear una por cada tipo de instalación a representar: cimentación, fontanería, electricidad, etc.

Normalmente, será el propio programa el que aplique colores a cada capa o tipo de instalación, para diferenciarla de las demás.

- **Modificaciones.** Se pueden modificar las propiedades de cada entidad dibujada.
- **Bloques.** Inserción de bloques de líneas que correspondan a objetos predefinidos, desde librerías externas al programa (mobiliario, perfiles metálicos, símbolos variados, etcétera).
- **Grosor de las líneas.** Se puede asignar el grosor a cada color de línea, para la posterior impresión de los planos.

14. Operaciones básicas con archivos gráficos

Los archivos digitales son el medio a partir del cual se puede almacenar información no volátil en un dispositivo de almacenamiento. Los Sistemas de archivos que incluyen los sistemas operativos cuentan con mecanismos para que un usuario pueda manipular los archivos (seleccionar, editar, ejecutar, borrar, etc.).

Desde el punto de vista de un programador, un archivo es un medio para poder leer datos de entrada para su programa o donde poder guardar los resultados de su ejecución. Todo lenguaje de programación debe disponer de algún mecanismo para que el programador pueda manipular archivos desde un programa. Estos mecanismos pueden ser más o menos sofisticados o versátiles, dependiendo del programa de diseño que se esté considerando, aunque deben existir unas funciones básicas respecto a la manipulación de archivos gráficos. Estas son:

Aplicación práctica

Imagine que desea modificar la escala de un plano (archivo digital) que ha realizado con cierto programa de diseño asistido. Enumere las acciones que debe llevar a cabo para disponer del archivo con dicha modificación.

SOLUCIÓN

1. Abrir el fichero.
2. Escritura (modificación de la escala).
3. Cierre del archivo

- **Lectura (consulta).** Esta operación consiste el leer la información contenida en el fichero, sin alterarla.
- **Escritura (modificación).** Consiste en actualizar el contenido del fichero, añadiéndole nuevos datos o borrando parte de los que contenía.
- **Apertura.** Antes de acceder a un fichero, tanto para consultar como para actualizar su información, es necesario abrirlo. Esta operación se debe realizar previamente a las operaciones de lectura o escritura.
- **Cierre.** Cuando se ha terminado de consultar o modificar un fichero, por lo general, del mismo modo que se tuvo que abrir para realizar alguna operación de lectura/escritura sobre él, este deberá ser cerrado.

Paneles solares con soporte

 **Importante**

El bastidor que sujeta el panel, la estructura que lo soporta y el sistema de anclaje son tan importantes como el propio panel, ya que una falla en estos elementos daría lugar a la inmediata paralización de la instalación.

15. Resistencias de anclajes, soportes y paneles

La estructura soporte se fijará al edificio de forma que resista las cargas a las que estará sometida, por lo que cualquier tipo de esfuerzo es un dato muy importante a tener en cuenta en cualquier proyecto de energía solar.

En terrazas o suelos, la estructura deberá elevar el panel, al menos, unos 30 cm; en zonas de montaña o donde se produzcan abundantes precipitaciones de nieve, deberá ser superior. Esto se debe a la necesidad de evitar que los paneles queden total o parcialmente cubiertos por las sucesivas capas de nieve que puedan ser depositadas en invierno.

Especial atención deberá prestarse a los puntos de apoyo de la estructura. En el caso de que sea de tipo mástil, es conveniente arriostrarla. Si la base donde descansa el panel es de hormigón, es muy recomendable reforzarlo por sus extremos con tirantes de acero.

Respecto a los anclajes o empotramiento de la estructura, se utilizan bloques de hormigón y tornillos roscados. Tanto la estructura como los soportes deben ser preferiblemente de aluminio anodizado, acero inoxidable o hierro galvanizado, y la tornillería de acero inoxidable. El aluminio anodizado es de

 **Aplicación práctica**

Los paneles solares térmicos funcionan con un sistema de tuberías por las que circula un líquido. Por esta razón, en el cálculo del peso del panel es necesario tener en cuenta el peso del mismo en vacío (sin líquido) y lleno (con líquido). Razone los estados a tener en cuenta en el caso de los paneles fotovoltaicos.

SOLUCIÓN

Por los paneles solares fotovoltaicos nunca circula ningún agente para la producción de energía (ni líquido ni ningún otro compuesto), por lo que el peso del panel será siempre el mismo.

---

poco peso y gran resistencia, mientras que el acero inoxidable es apropiado para ambientes muy corrosivos, siendo de mayor calidad y periodo de vida, aunque presenta un elevado costo. Las estructuras de hierro galvanizado ofrecen una gran protección contra los agentes corrosivos externos, con la ventaja de que el zinc es compatible químicamente con el mortero de cal y de cemento, una vez que estos están secos. Las estructuras galvanizadas suelen montarse mediante tornillos.

Muchas veces los fabricantes de paneles suministran los elementos necesarios sueltos o en kits. Otras veces, es el propio proyectista o el instalador quien, haciendo uso de perfiles normalizados que se encuentran en el mercado, construye una estructura adecuada para el panel.

16. Cálculo de dilataciones térmicas y esfuerzos sobre la estructura

Se llama dilatación al cambio de dimensiones que experimentan los sólidos, líquidos y gases cuando varía la temperatura, permaneciendo la presión constante. La mayoría de los sistemas aumentan sus dimensiones cuando la temperatura aumenta.

Por otra parte, los esfuerzos pueden cambiar las dimensiones de los cuerpos, debido a fuerzas que actúan sobre los mismos.

16.1. Las dilataciones térmicas

La dilatación es el cambio de cualquier dimensión lineal del sólido (longitud, alto o ancho), que se produce al aumentar su temperatura.

Generalmente, se observa la dilatación lineal al tomar un trozo de material en forma de barra o alambre de pequeña sección, sometido a un cambio de temperatura.

El aumento que experimentan las otras dimensiones es despreciable frente a la longitud.

Si se denominan:

L_0 = Longitud inicial.
L = Longitud final.
t_0 = Temperatura inicial.
t = Temperatura final.
ΔL = Incremento de la longitud ($L - L_0$).
ΔT = Incremento de la temperatura ($t - t_0$).

Se verifica que:

$$\Delta L = \alpha \cdot L_0 \cdot \Delta T$$

También se puede expresar como:

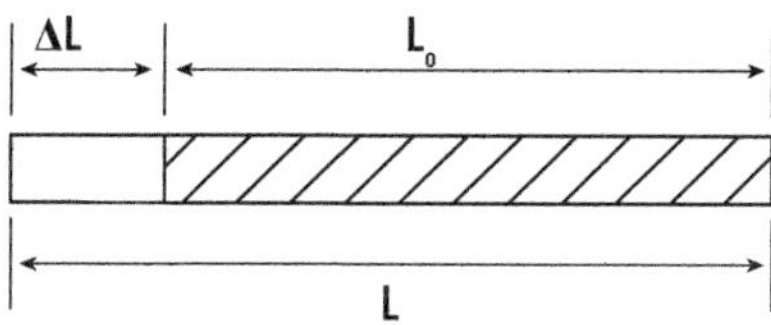

$$L = L_0 \cdot (1 + \alpha \cdot \Delta T)$$

Donde α es un coeficiente de proporcionalidad denominado "coeficiente de dilatación lineal" y es distinto para cada material. Su unidad es el °C^{-1}.

 **Aplicación práctica**

Una varilla de cobre tiene una longitud de 2,08 m a una temperatura ambiente de 14 °C, ¿cuál será su longitud a 60 °C?

SOLUCIÓN

Se tiene que $L_0 = 2{,}08$ m; $t_0 = 14$ °C; $t = 60$ °C; $\alpha = 17 \times 10^{-6}$ m (de la tabla anterior), por lo que:

$L = L_0 \cdot (1 + \alpha \cdot \Delta T)$
$L = 2{,}08 \cdot (1 + 17 \times 10^{-6} \cdot (60 - 14))$
$L = 2{,}08 \cdot (1 + 17 \times 10^{-6} \cdot (46))$
$L = 2{,}08 \cdot (1 + 7.82 \times 10^{-4})$
$L = 2{,}08 \cdot (1.00078)$
$L = 2.081$ m

El valor de α depende de la temperatura. Sin embargo, su variación es muy pequeña y despreciable dentro de ciertos límites de temperatura o intervalos que, para ciertos materiales, no tienen mayor incidencia.

A continuación, se muestra una tabla con distintos valores de a para ciertos materiales.

SUSTANCIA	α ° C^{-1}	SUSTANCIA	α ° C^{-1}
Plomo	29×10^{-6}	Aluminio	23×10^{-6}
Hielo	52×10^{-6}	Bronce	19×10^{-6}
Cuarzo	$0,6 \times 10^{-6}$	Cobre	17×10^{-6}
Hule duro	80×10^{-6}	Hierro	12×10^{-6}
Acero	12×10^{-6}	Latón	19×10^{-6}
Mercurio	182×10^{-6}	Vidrio (común)	9×10^{-6}
Oro	14×10^{-6}	Vidrio (pirex)	3.3×10^{-6}

16.2. Esfuerzos en estructuras

Cuando dos o más fuerzas son aplicadas sobre un cuerpo, aparecen tensiones internas que tienden a deformarlos. Estas tensiones reciben el nombre de **esfuerzos.**

Los esfuerzos a los que se ve sometido un cuerpo pueden ser de cinco tipos:

1. Un material está sometido a un esfuerzo de **compresión** cuando las fuerzas que actúan sobre él tienden a comprimirlo. Son necesarias dos fuerzas opuestas que actúan hacia el interior del cuerpo, en la misma dirección y sentidos contrarios.
2. Un material está sometido a un esfuerzo de **tracción** cuando las fuerzas que actúan sobre él tienden a estirarlo. En este caso, las fuerzas han de ser opuestas, actuando hacia el exterior del cuerpo, en la misma dirección y sentidos opuestos.

3. Un material está sometido a un esfuerzo de **flexión** cuando las fuerzas que actúan sobre él tienden a doblarlo. Para que se produzca flexión, serán necesarias, al menos, tres fuerzas.
4. Un material está sometido a un esfuerzo de **torsión** cuando las fuerzas que actúan sobre él tienden a torcerlo.
5. Un material está sometido a un esfuerzo de **cizalladura** cuando las fuerzas que actúan sobre él tienden a cortarlo.

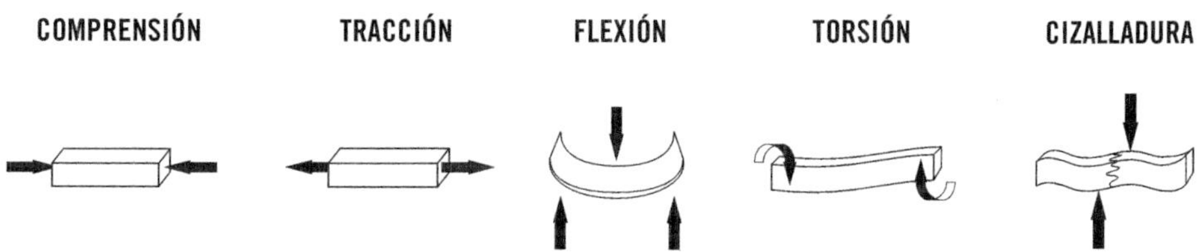

17. Desarrollo de presupuesto

El análisis económico es de gran trascendencia a la hora de decidirse a realizar una inversión que presente ciertas alternativas. El sector fotovoltaico no es una excepción en este sentido.

17.1. Costes de la instalación

Cuando se plantea la necesidad de dotar de suministro eléctrico a cualquier instalación, es necesario en primer lugar, decidir cuál va a ser el medio más adecuado. Para ello, se estudiarán las necesidades que implican diferentes sistemas (el tipo de instalación, necesidad de combustible fósil, posibilidad de aprovechamiento de energías renovables...).

Una vez que se han estudiado las posibilidades, entre aquellas que sean viables, la comparación se reduce al estudio económico.

En una instalación, una clasificación de los costes incluirá:

- Costes de capital o iniciales.
- Costes de operación y mantenimiento.
- Costes de combustibles.
- Costes de reposición.

En las instalaciones fotovoltaicas, la cuantía de la inversión inicial viene determinada por los siguientes conceptos:

- **Generador.** Potencia pico del generador, Wp × precio (€/Wp).
- **Baterías.** Se tendrá en cuenta su tipología y capacidad nominal, en Ah × precio (€/Ah).
- **Regulador.** Coste normalizado unitario × intensidad nominal del regulador a instalar (€/A).
- **Inversores.** Coste normalizado unitario × potencia nominal total del inversor a instalar (€/W).
- **Contadores.** Cuando se prevea su instalación, supondrán un coste fijo en €, por unidad de contador instalado.
- **Cables, interruptores, protecciones, etc.** Se definen de acuerdo a la potencia pico, como el producto de coste normalizado unitario por la potencia total instalada (€/Wp).
- **Coste de montaje, instalación, transporte, puesta en marcha, etc.**
- **Mantenimiento durante la garantía.**
- **Costes extraordinarios.** Por ejemplo, los de construcción de casetas para las baterías, estructuras de refuerzo de cubiertas, estructuras de integración en el entorno, etc.

Hay que hacer un informe detallado, en el que se indiquen los costes de mano de obra, materiales, tiempo que se tardará en cada una de las tareas particulares que componen el todo, y todos aquellos datos necesarios para una correcta evaluación.

A los costes habrá que sumar el IVA y descontar las subvenciones, que se conceden desde el ámbito estatal y el autonómico, siendo diferentes dependiendo de cada región y del tipo de instalación, por lo que habrá que dirigirse a cada una de las instituciones encargadas de su concesión en cada caso particular, ya que, además, estas ayudas pueden variar cada año.

17.2. Costes de mantenimiento

El mantenimiento que requiere una instalación solar fotovoltaica es mínimo y de carácter preventivo, ya que este tipo de instalaciones no tienen partes sometidas a desgaste, ni a las que deban sustituírseles piezas, ni que requieran lubricación.

El mantenimiento consistirá principalmente en mantener limpios los módulos, ya que las pérdidas producidas por la suciedad de los módulos fotovoltaicos pueden llegar a ser del 5 %, y es algo que se puede solucionar con una simple limpieza con agua. También hay que asegurarse de que no hay obstáculos que hagan sombra sobre los módulos.

Un caso especial lo constituyen las baterías, que son el elemento que requiere mayor atención: en principio se ha de controlar el nivel de electrolito, para que esté dentro de los límites recomendados, aunque existen baterías que no necesitan mantenimiento. También hay que considerar que la batería se tiene que remplazar cada cierto número de años, dependiendo del tipo utilizado.

Los costes correspondientes a reparaciones y mantenimiento pueden considerarse entre el 1 y el 3 % de la inversión inicial al año. La vida útil de un generador fotovoltaico es de aproximadamente unos 25 años. Algunas empresas ofrecen garantías que duran incluso todo ese tiempo.

No se debe olvidar contabilizar las cantidades correspondientes a seguros, que, en muchos casos, es obligatorio suscribir para poder beneficiarse de las subvenciones.

 Nota

En algunos casos, la inversión inicial se amortiza solo por el hecho de que el coste para electrificar la zona es superior al de la instalación de un sistema solar fotovoltaico.

En muchas ocasiones, un sistema fotovoltaico presenta un coste por kWh producido notablemente superior al coste del kWh comprado de la red eléctrica. Por ello, la rentabilidad de la instalación de un sistema fotovoltaico depende mucho de las ayudas e incentivos por parte de las administraciones públicas.

 Aplicación práctica

A continuación, se enumeran una serie de características económicas de dos instalaciones, una instalación diésel y otra fotovoltaica. Indique el tipo de instalación a la que se refiere cada característica.

a. La inversión inicial es baja.
b. Tiene unos costes de manutención bajos.
c. Los costes de mantenimiento son moderados.
d. Los costes de combustible son muy elevados.
e. Los costes de combustible son nulos, porque no consumen.
f. Requiere una importante inversión de capital inicial.

SOLUCIÓN

- Diésel.
- Fotovoltaica.
- Diésel.
- Diésel.
- Fotovoltaica.
- Fotovoltaica.

18. Resumen

Los proyectos son documentos oficiales que consisten en un conjunto de actividades que se encuentran interrelacionadas y coordinadas, cuyo fin es alcanzar unos objetivos específicos dentro de los límites que impone un presupuesto.

Por ejemplo, antes de llevar a cabo una obra es fundamental la elaboración previa del proyecto de la misma.

Por otra parte, las memorias técnicas consisten en revisiones y análisis de problemas reales, verificando si dichos problemas cumplen unos determinados requisitos.

Todo proyecto de ingeniería está, generalmente, constituido por varias partes fundamentales: memoria (columna vertebral del proyecto), planos (representación gráfica de lo que se proyecta), pliego de condiciones (requisitos y exigencias de lo que se proyecta), presupuesto (mediciones y costes) y estudio de seguridad y salud (documentación de medidas de protección y riesgos).

La ubicación espacial de un proyecto se debe hacer de forma que este quede geográficamente definido. En este capítulo, se han expuesto los fundamentos y algunos ejemplos que caracterizan a los planos encargados de esta función: los planos de situación.

Los planos de conjunto y de detalle son dos tipos de planos muy utilizados a la hora de elaborar documentación de montaje de piezas, catálogos de mobiliario, etc.

El uso de diagramas hace que se pueda simplificar y favorecer la comprensión de procesos. Existen dos tipos importantes de diagramas: los flujogramas (flujo de estados e interrelaciones entre ellos) y los cronogramas (secuencia cronológica de actividades).

A la hora de replantear una instalación fotovoltaica es fundamental efectuar un adecuado estudio de la misma, ya que un fallo en estas consideraciones puede dar lugar a una instalación errónea.

Las aplicaciones CAD (diseño asistido por ordenador) combinadas con los sistemas CAM (manufactura asistida por computadora) permiten el desarrollo de un producto desde su diseño hasta la fabricación final, obteniendo resultados imposibles de alcanzar utilizando otros métodos.

Los programas de diseño asistido por ordenador (CAD) son tan populares como variados, y cada vez disponen de más posibilidades, hasta el punto de permitir el diseño de cualquier elemento o instalación real, de manera que se comporte "virtualmente" como lo hace en la realidad (física, viscosidad, color, forma, etc.).

Las aplicaciones de dimensionado fotovoltaico son muy útiles, ya que generan automáticamente y en pocos segundos los cálculos (económicos, energéticos, etc.) que se deban conocer respecto al dimensionado de una instalación.

Los programas CAD también son muy usados en el ámbito de la construcción, ya que muchas aplicaciones se especializan en el desarrollo y diseño de planos.

A la hora de manipular cualquier archivo digital, las acciones básicas son:

- Abrir (apertura del fichero para comenzar a trabajar con él).
- Modificar (aplicar cambios, como borrar contenido, añadirlo, etc.).
- Cerrar (cierre del fichero).

La estructura soporte de los paneles es de extrema importancia, ya que será la encargada de orientar correctamente los paneles y de sujetar la estructura contra efectos atmosféricos adversos. Por este motivo, no se debe descuidar el anclaje y la fijación de la misma.

La deformación de los materiales debido a fuerzas externas y a la temperatura debe ser otro factor a tener en cuenta en cualquier proyecto de instalaciones.

El impacto económico que supone la instalación y disposición de los elementos de una instalación fotovoltaica es un factor muy importante a la hora de llevar a cabo un proyecto de este tipo.

Ejercicios de repaso y autoevaluación

1. ¿Qué son los objetivos de un proyecto? ¿Es un contenido obligatorio en la realización de proyectos?

2. ¿Cuál es el documento que constituye la columna vertebral del proyecto, siendo el apartado descriptivo y explicativo del mismo?

   a. Memoria
   b. Planos
   c. Pliego de condiciones
   d. Presupuesto

3. Observe el siguiente plano de conjunto, que consiste básicamente en un montaje de dos placas (2 y 3) soldadas a una placa base (1). ¿Cree que, al ser un plano de conjunto, es necesario indicar la cota señalada (35 cm)?

4. Complete la siguiente oración.

En los planos de situación debe quedar constancia del _______________ y lejano entorno con los accesos por carretera, los municipios próximos, las ciudades distantes más importantes, puertos, aeropuertos, fábricas y demás temas de posible interés a efectos de _______________ y de obra.

5. Complete la siguiente tabla, respecto a la simbología de los flujogramas.

Símbolo	Nombre
⬭	
	Actividad
	Decisión
⇄ ↑↓	
◯	

6. Indique si las siguientes oraciones son verdaderas o falsas.

a. Siempre debe tenerse muy en cuenta la normativa urbanística para el replanteo de una instalación.

☐ Verdadero
☐ Falso

b. A la hora de analizar los captadores solares, hay que tener en cuenta que suelen tener una forma de colocación y orientación bastante estricta.

☐ Verdadero
☐ Falso

c. Las instalaciones de energía solar térmica también pueden ser dimensionadas mediante soporte informático.

    ☐ Verdadero
    ☐ Falso

d. Estos programas no suelen efectuar representaciones gráficas como resultado, por lo que dicha interpretación ha de hacerse manualmente, a partir de los datos numéricos calculados.

    ☐ Verdadero
    ☐ Falso

e. Muchas veces los fabricantes de paneles suministran los elementos necesarios sueltos o en kits para la fijación.

    ☐ Verdadero
    ☐ Falso

7. ¿Qué es el CNC?

____
____
____
____

8. ¿Cómo se denominan las líneas y curvas que conforman un sólido, dotándolo de dimensión espacial?

a. Alámbricas
b. Vectores
c. Perímetros
d. Longitudes

9. Si desea realizar un plano de una habitación bastante cargada de mobiliario, ¿de qué opción sería interesante disponer para agilizar el diseño?

10. Calcule la longitud que tendrá a 60 °C una varilla de hierro, cuya longitud a 10 °C es de 30 cm.

Bibliografía

Monografías

▌CHINCHILLA Sánchez, Mónica y ELOY García, Joaquín: *Accionamientos Eléctricos*. Escuela Politécnica Superior de la Universidad Carlos III de Madrid, 2009.

▌DE JUANA, José M.: *Energías Renovables para el Desarrollo*. Madrid: Thomson-Paraninfo, 2003.

▌*Energía solar fotovoltaica general*. Agencia Andaluza de la Energía. Consejería de Economía, Innovación y Ciencia.

▌HORIKOSHI, Iyo: *Análisis de las componentes armónicas de los inversores fotovoltaicos de conexión a red*. Universidad Carlos III de Madrid, Departamento de Tecnología Electrónica, 2009.

▌LÓPEZ Lara, A. G. [et al.]: *Instalaciones fotovoltaicas*. Sevilla: Sodean, 2004.

▌MARTINEZ Jiménez, A.: *Dimensionado de instalaciones solares fotovoltaicas*. Madrid: Paraninfo Editorial, 2012.

▌MASCARÓS Mateo, V.: *Gestión del montaje de instalaciones solares fotovoltaicas*. Madrid: Paraninfo Editorial, 2016.

▌MUÑOZ Díez, Vicente: *Acumuladores de Energía Solar Fotovoltaica*. Grupo de investigación IDEA. Universidad de Jaén.

▌SÁNCHEZ Jiménez, J. L.: *Estudio de viabilidad y dimensionamiento de una instalación fotovoltaica en una casa rural en Córdoba.* Córdoba: Universidad de Córdoba, 2016.

▌SÁNCHEZ Jiménez, J. L.: *Técnicas de mantenimiento y operación (M&O) avanzadas (I). Instalaciones fotovoltaicas aisladas.* Córdoba: Universidad de Córdoba, 2017.

▌VAN CAMPEN, B., GUIDI, D. y BEST, G.: *Energía solar fotovoltaica para la agricultura y desarrollo rural sostenibles.* Documento de Trabajo sobre Medio Ambiente y Recursos Naturales, No. 3. Roma: FAO, 2000.

▌VÁZQUEZ, M., NÚÑEZ, N. y DÍAZ, L.: *Herramienta de dimensionado de sistemas fotovoltaicos autónomos.* Universidad Politécnica de Madrid. Sección Departamental de Electrónica Física. EUIT de Telecomunicación.

Legislación

▌Real Decreto 1699/2011, de 18 de noviembre, por el que se regula la conexión a red de instalaciones de producción de energía eléctrica de pequeña potencia.

▌Real Decreto 842/2002, de 2 de agosto, por el que se aprueba el Reglamento electrotécnico para baja tensión.

Textos electrónicos, bases de datos y programas informáticos

▌*CAD, Aplicaciones y tipos de programas,* de:
<http://platea.pntic.mec.es/~jalons3/4ESO/1diseno/2aplitipo.htm>.

▌*Diagrama de flujo de proceso,* de: <http://www.slideboom.com/presentations/58117>.

▌*El informe técnico,* de:
<http://www.uclm.es/area/ing_rural/AsignaturaProyectos/Tema%204.pdf>.

▌Software PVSIST, de: <https://www.pvsyst.com/download-pvsyst/>.